T0135655

Investigation on Lipid Composition and Functional Properties of Some Exotic Oilseeds

---

Untersuchung zur Zusammensetzung und der funktionalen Eigenschaften der Lipide einiger exotischer Ölsaaten

Mohamed Fawzy Ramadan Hassanien

Bibliografische Information Der Deutschen Bibliothek

Die Deutsche Bibliothek verzeichnet diese Publikation in der Deutschen Nationalbibliografie; detaillierte bibliografische Daten sind im Internet über http://dnb.ddb.de abrufbar.

D 83
Technische Universität Berlin

3-8325-0525-3

Logos Verlag Berlin
Comeniushof, Gubener Str. 47,
10243 Berlin
Tel.: +49 030 42 85 10 90
Fax: +49 030 42 85 10 92
INTERNET: http://www.logos-verlag.de

Investigation on Lipid Composition and Functional Properties of Some Exotic Oilseeds

Untersuchung zur Zusammensetzung und der funktionalen Eigenschaften der Lipide einiger exotischer Ölsaaten

vorgelegt von

Mohamed Fawzy Ramadan Hassanien, M.Sc. (Agricultural Biochemistry)

aus Ägypten

von der Fakultät III - Prozesswissenschaften

der Technischen Universität Berlin

zur Erlangung des akademischen Grades

Doktor der Naturwissenschaft

Dr. rer. nat.

genehmigte Dissertation

Promotionsausschuss

Vorsitzender:	Prof. Dr. B. Senge (Technische Universität Berlin)
Berichter:	Prof. Dr. L. W. Kroh (Technische Universität Berlin)
Berichter:	Prof. Dr. T. Henle (Technische Universität Dresden)
Berichter:	PD Dr. J.-Th. Mörsel (Technische Universität Berlin)

Tag der wissenschaftlichen Aussprache: 19/02/2004

Berlin 2004

D 83

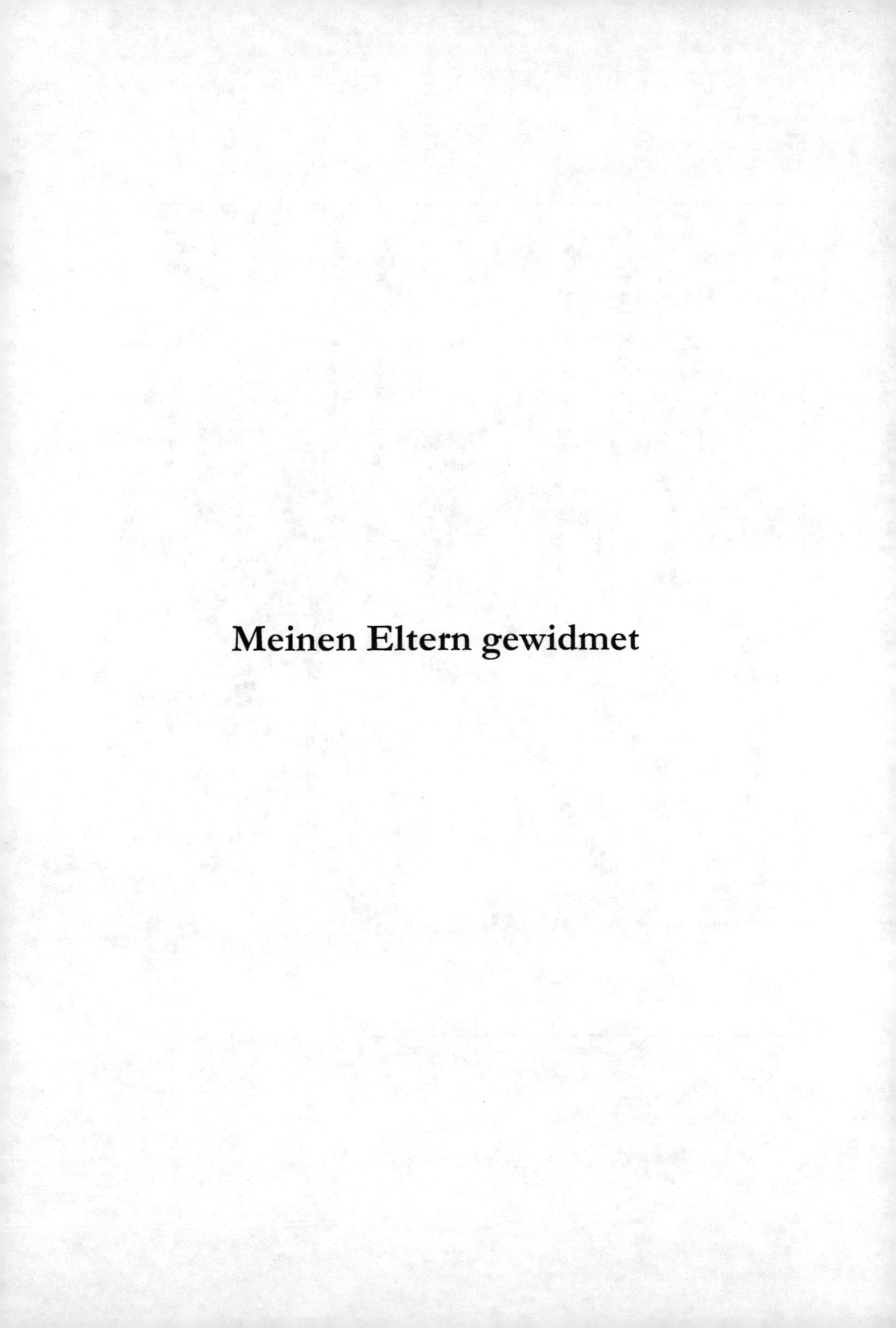

Meinen Eltern gewidmet

بسم الله الرحمن الرحيم

I

When the Lord created the world and people to live in it- an enterprise which, according to modern science, took a very long time- I could well imagine that He reasoned with Himself as follows: "If I make everything predictable, these humans beings whom I have endowed with pretty good brains, will undoubtedly learn to predict everything and they will thereupon have no motive to do anything at all, because they will recognize that the future is totally determined and cannot be influenced by any human action. On the other hand, if I make everything unpredictable, they will gradually discover that there is no rational basis for any decision whatsoever and, as in the first case, they will thereupon have no motive to do anything at all. Neither scheme would make sense. I must therefore create a mixture of the two. Let some things be predictable and let others unpredictable. They will then, amongst many other things, have the very important task of finding out which is which"

Schumacker E. F., Small is beautiful (1973).
Published by Hartley and Marks, Vancouver, Canada.

ACKNOWLEDGEMENTS

This dissertation is part of the requirement for the achievement of the German Ph.D. program. Belonging myself, as Ph.D. fellow, to Food Chemistry Institute, at Technical University of Berlin, the study was carried during the period November 1999 to November 2003.

Scholarship from Agricultural Biochemistry Department, Faculty of Agriculture, Zagazig University (Egypt) and the partial financial support from the Egyptian Ministry of High Education are gratefully acknowledge.

A number of people have their share in the completion of this work, and I would like to express my gratitude towards all of them, among whom I cannot possibly mention all. Iam particularly grateful to PD Dr. *Jörg-Thomas Mörsel*, my supervisor, for his never-ending enthusiasm, for never failing to share lifelong experience, give advice, inspire, care and for performing beautiful "Picasso's work" on my manuscripts. He has given me an academic guidance and kept inspiring me throughout my study. I wish to sincerely express my appreciation to Prof. Dr. *Lother W. Kroh*, my supervisor, for his constructive criticisms and blow of motivation. He stood by me every time I faced problems and helped me to keep perspective.

Skilled technical assistance has been provided by many people from Food Chemistry Institute, especially by Frau *K. Seifert*, Frau. *K. Wilcopolski*, Herr *W. Seidl* and Frau Dipl.-Ing. *W. Jalyschko.* Thanks are due to Frau Dipl.-Lebensmittelchemikerin *C. Mörsel*, to initiate Goldenberry project and given advice. Thanks are also due to Frau. Dipl.-Lebensmittelchemikerin *Silke Steen* for her valuable shrinking down of my German manuscripts and presentations. Additionally, I would like to acknowledge the library staff for their always skilled and prompt help, when requested.

My colleagues at Food Chemistry Institute, at Technical University of Berlin, for help and fun, while I visited them and for always making me feel that, although physically not present, I also belong to their working team. To the rest of the staff at Food Chemistry Institute for inspiring working conditions and fun, which makes the Institute a nice place to work.

I would like to thank my friends in Germany for making my spare time enjoyable and helping me in "recharging batteries" when it was needed.

Gratitude is also extended to all staff members of the Agricultural Biochemistry Department, Faculty of Agriculture, Zagazig University, Egypt.

I deeply cherish the unconditional support I got from my parents, sisters and family throughout my studies and also during these years abroad. My father, Prof. Dr. *Fawzy Ramadan Hassanien*, and my mother, in spite of being far away you were always present.

Finally, it was a great opportunity to study in Germany. I have had a valuable time and experience that I would never forget. Therefore, I would like to pay my tribute to German study system that provides students extensive facilities, opportunities and knowledge.

Mohamed Fawzy Ramadan Hassanien
Berlin, November 2003

IV

SUMMARY

Black cumin (*Nigella sativa* L.), coriander (*Coriandrum sativum* L.) and niger (*Guizotia abyssinica* Cass.) crude seed oils were studied in terms of fatty acids, lipid classes, triacylglyerols and fat-soluble bioactives. In black cumin and niger seed oils, linoleic acid was the predominant fatty acid followed by oleic acid and/or palmitic acid. Petroselinic acid followed by linoleic acid were the main fatty acids in coriander seed oil. Neutral lipids (mainly, triacylglycerols) constituted the main lipid class followed by glycolipids and phospholipids, respectively. Six glycolipid subclasses were detected in black cumin seed oil, wherein diglucosyldiacylglycerol was the prevalent component followed by glucocerebroside. Among the glycolipids from coriander and niger seed oils, acylated steryl glucoside, steryl glucoside and glucocerebroside were detected. The major individual phospholipid subfractions, were phosphatidylcholine followed by phosphatidylethanolamine, phosphatidylinositol and/or phosphatidylserine, respectively. High levels of fat-soluble bioactives (phytosterols, tocopherols and β-carotene) were estimated in the seed oils. Crude oils and their fractions were investigated for their radical scavenging activity (RSA). Coriander seed oil and its' fractions exhibited the strongest RSA compared to black cumin and niger seed oils. The data correlated well with the total content of unsaponifiables, polar lipids and the initial peroxide values of crude oils. RSA of oil fractions showed similar patterns wherein the phospholipids exhibited greater activity to scavenge free radicals followed by glycolipids and neutral lipids, respectively. The positive relationship observed between the RSA of crude oils and their color intensity suggests the Maillard reaction products may have contributed to the RSA of seed oils and their polar fractions. Oxidative stabilities of crude oils were stronger than their stripped counterparts and the order of oxidative stability was as follow: coriander > black cumin > niger seed. Levels of polar lipids in crude oils correlated with oxidative stability. Thus, the major factor that may contributed to the better oxidative stability of crude oils was the carry-over of their polar fractions. Information provided by the present work is of importance for industrial utilization of the seed oils and their by-products as a raw material of edible oils and functional foods.

TABLE OF CONTENTS

ABBREVIATION USED

ASG	Acylated steryl glucoside
AV	*p*-Anisidine value
CC	Column chromatography
CER	Cerebrosides
DAG	Diacylglycerols
DGD	Digalactosyldiacylglycerol
DPPH	1,1-diphenyl-2-picrylhydrazyl
ESR	Electron spin resonance
FAME	Fatty acid methyl ester
FFA	Free fatty acids
FSV	Fat-soluble vitamins
GL	Glycolipids
GLC/FID	Gas-liquid chromatography equipped with flame ionization detector
HPLC	High-performance liquid chromatography
LPC	Lysophosphatidylcholine
LPE	Lysophosphatidylethanolamine
MAG	Monoacylglycerols
Melano-PL	Melanophospholipids
MGD	Monogalactosyldiacylglycerol
MRP	Maillard reaction products

NL	**Neutral lipids**
OS	**Oxidative stability**
PC	**Phosphatidylcholine**
PE	**Phosphatidylethanolamine**
PG	**Phosphatidylglycerol**
PI	**Phosphatidylinositol**
PL	**Phospholipids**
PS	**Phosphatidylserine**
PUFA	**Polyunsaturated fatty acids**
PV	**Peroxide value**
R_f	**Retention factor**
RSA	**Radical scavenging activity**
S/P	**Ratio of saturated to polyunsaturated fatty acids**
SG	**Steryl glucoside**
ST	**Sterols**
STE	**Sterol esters**
TAG	**Triacylglycerols**
TL	**Total lipids**
TLC	**Thin-layer chromatography**
UV	**Ultraviolet**

ZUSAMMENFASSUNG

Untersuchung zur Zusammensetzung und der funktionalen Eigenschaften der Lipide einiger exotischer Ölsaaten

Einleitung

Das Interesse steigt heutzutage an neuen Rohstoffen für die Herstellung von Speiseölen. Pflanzensamen sind wichtige Ernährungsquellen für den Menschen an essentiellen Ölen und besitzen einen hohen industriellen und pharmazeutischen Wert. Exotische Saaten besitzen durch ihre spezifische chemische Zusammensetzung und daraus hervorgehenden Eigenschaften einen positiven Einfluß auf den menschlichen Metabolismus und können als Speiseöle essentielle Substanzen dem Menschen zugänglich machen (Cherry & Kramer, 1989). Im allgemeinen gleicht eine Ölart eines Ursprunges in seiner Zusammensetzung in der Regel keiner zweiten und kann so als spezifischer Lieferant je nach Charakter für die unterschiedlichsten Zwecke angewendet werden. Bis heute wurden zahlreiche Pflanzen auf ihrer Verwendbarkeit und Brauchbarkeit analysiert und einige von diesen neuentdeckten oder wiederentdeckten Ölsaaten werden heute in größerem Maßstab gezielt kultiviert (Hirsinger, 1989). Von Interesse als Öllieferant sind die Saaten des Schwarzkümmels (*Nigella sativa* L.), des Korianders (*Coriandrum sativum* L.) und der Nigersaat (*Guizotia abyssinica* Cass.), da sie für die Produktion von bioaktiven Formulierungen mit bedeutenden antioxidativen Eigenschaften verwendet werden können und einen positiven gesundheitlichen Nutzen aufweisen. Natürlich enthält das gewonnene Fett bzw. das Öl abgesehen von den Triacylglycerolen eine Anzahl von lipophilen Bestandteilen verschiedener Substanzklassen. Am interessantesten für weitere Anwendungen sind die Polarlipide, Phytosterole, Carotinoide und andere fettlösliche Vitamine. Informationen über die Existenz und den Gehalt an den wenigen bioaktiven Komponenten in den Ölsaaten sind wichtig, um Aussagen über die Anwendbarkeit der Öle machen zu können und mögliche positive Wirkungen auf den Metabolismus aufzuweisen. Obgleich die Fettsäurezusammensetzung von den erwähnten Ölen bereits bekannt ist (Subbaram & Youngs, 1967; Babayan *et al.*, 1978; Lakshminarayana *et al.*, 1981; Birgrit *et al.*, 1998; Saleh Al-Jasser, 1992; Dutta *et al.*, 1994; Dagne & Jonsson, 1997), existieren bislang keine ausreichenden Daten über die Verteilung der Triacylglycerole, Polarlipide und andere fettlösliche bioaktive Komponenten. Solche Informationen sind wertvoll für die Ermittlung ihres möglichen Einsatzes als Nahrungsmittel. Glykolipide (GL) werden als Nährstoff in der menschlichen Ernährung eingestuft, aber es ist wenig bekannt über die Vorgänge ihrer Verdauung und Absorption im Säugetier (Andersson *et al.*, 1995). Phospholipide (PL) sind ernährungsphysiologisch von großer Bedeutung und es wurde ein therapeutischer Nutzen nachgewiesen. Sie nehmen eine bedeutende Stellung in der Ernährung ein und sind weltweit bekannt als Emulgatoren in der Nahrungsmittelindustrie, ihre Verwendung als Bestandteil in functional foods ist noch begrenzt. Sie sind freie Radikalfänger, besitzen synergistische Eigenschaften zu Antioxidantien und werden auch als Primär-Antioxidant angesehen. Emulgierende Eigenschaften der PL sind bekannt, außerdem können sie eine wichtige synergistische Rolle durch die Herstellung einer Verbindung zwischen dem Antioxidant und den oxidationsgefährdeten Fette spielen (Schneider, 2001). Phytosterole (ST) in Speiseölen beeinflussen den menschlichen Cholesterinspiegel und ihre Antioxidantsaktivität ist auf die strukturelle Anordnung von einem allylständigen freien Radikal und seiner daraus resultierenden Fähigkeit zur Isomerisierung zu einem weiteren relativ beständigen und stabilen freien Radikal zurückzuführen (Kochhar 2000; Wang *et al.*, 2002). Die in der Ernährung wichtigen Antioxidantien, wie die Tocopherole und das Carotin, verbessern die Stabilität und Haltbarkeit der Öle (Warner & Frankel, 1987; Yanishlieva & Marinova, 2001). Phenolische Verbindungen haben einen bedeutenden Effekt auf die Ölstabilität, auf die sensorischen Öleigenschaften und auch auf die ernährungsphysiologische Bedeutung der Produkte. Sie können eine Qualitätsverschlechterung durch die Reaktion mit freien Radikalen verhindern, die mitverantwortlich sind für das Phänomen des Ranzigwerdens von Ölen und Fetten

(Cai *et al.*, 2003; Tovar *et al.*, 2001). Derzeit werden Sicherheitsbewertungen von synthetischen Antioxidanten durchgeführt und geben Anlaß für mehrere Fragestellungen und zeigen den Bedarf an Forschungen auf. Es wird nun eher auf die Lokalisierung und Kennzeichnung von wirkungsvollen natürlicher Antioxidantien fokussiert (Reische *et al.*, 2002). Nahrungsmittel, die reich sind an Antioxidantien, können nach Verzehr und Bereitstellung einen wirkungsvollen Schutz gegen Krebs und Cardioerkrankungen darstellen. Diese Schutzwirkung könnte durch die antioxidative Kapazität der Antioxidanten, dem Abfangen freier Radikale, erklärt werden, welche verantwortlich sind für die oxidative negative Veränderung von Lipiden und Proteinen (Aruoma *et al.*, 1998). Jedoch sind derzeit nur sehr wenig Informationen über die Anwesendheit und den Gehalt an bioaktiven Bestandteilen verfügbar, die die wichtigen autoxidativen Eigenschaften in Ölsaaten begründen. Auf der anderen Seite beeinflussen Lipidoxidationsreaktionen negativ das Aroma, den Geruch, die Farbe und den Ernährungswert der Öle, z.B. während der Lagerung und können so die Verarbeitung in der Nahrungsmittelindustrie einschränken. Die Feststellung der Oxidationsstabilität (OS) von unterschiedlichen Ölen in Abhängigkeit zu der jeweiligen chemischen Zusammensetzung zeigte, daß insbesondere die Unterschiede in den Minorbestandteilen im System Einfluß auf die OS hat (Alasalvar *et al.*, 2003). Es war folglich wichtig, die OS der Öle und ihre Beeinflussung durch Behandlung und Lagerung der Öle zu untersuchen und auszuwerten. Schwarzkümmel-, Koriander- und Nigeröle sind relativ neu auf dem Markt und folglich sind Informationen und Daten von diesen Ölen eher begrenzt. Die Feststellung des Ernährungswertes von diesen Ölsamen zogen das Interesse an dem Studium ihrer Zusammensetzung und der OS nach sich. Die Zielsetzungen dieser Arbeit sind (a) die Analyse der chemischen Zusammensetzung der Ölsaaten, ihrer einzelnen Extraktionsfraktionen (aufgetrennt nach ihrer unterschiedlichen Polaritäten) und die Analyse der Gehalte an bioaktiven Komponenten, (b) die Feststellung der Radical scavenging activity (RSA) der Öle und ihrer Fraktionen, (c) die Untersuchung des Einflußes von Minorbestandteilen in den Ölen, insbesonders der polaren Lipide, auf die RSA, (d) die Feststellung des Verhältnisses zwischen Farbintensität der Öle und ihren autoxidativen Eigenschaft, (e) die Untersuchung der OS der Triacylglycerole und der Rohöle durch Kontrolle und Feststellung der bei der Oxidation entstandenen Produkten und (f) die Untersuchung der Wirksamkeit von polaren Lipiden in Kombination zum Schutz vor Oxidationsvorgängen im Rohöl. Die Untersuchungsresultate werden wichtig sein, um einen möglichst ökonomischen Nutzen einzelner Ölsaaten abzuschätzen und ein genau abgeglichenes und spezialisiertes Einsatzgebiet dieses natürlichen Rohstoffes, z.B. als neue Quelle für Speiseöle, zu bestimmen.

Ölgehalt und Zusammensetzung der Öle

Schwarzkümmelöl (*Nigella sativa* L.), Korianderöl (*Coriandrum sativum* L.) und Nigeröl (*Guizotia abyssinica* Cass.) sind vielversprechende Materialien für die Verwendung u.a. als Nahrungsmittel und nehmen auch im steigenden Maße an Popularität in vielen Teilen der Welt zu. Die Samen und/oder die daraus gewonnenen Öle sind nicht nur eßbar, sondern sind in der Medizin und Pharmazie verwendbar (Tabelle 1, S. 68). Zu untersuchen war der Einfluß des Lösungsmittels auf die Menge und Zusammensetzung der extrahierten Öle. Dafür wurden die Samen des Schwarzkümmels, des Korianders und des Nigers mit zwei unterschiedlichen Lösungsmittel [1. Hexan, 2. Chloroform:Methanol (2:1, v/v)] extrahiert, um die Rohöle zu gewinnen. Mit der Chloroform-Methanol-Mischung wurden mehr Fett extrahiert als mit Hexan. Das erste Lösungsmittel ist polarer und säurehaltiger als das Zweite das verhindert so möglicherweise die vollständige Lösung des enthaltenden Öles, daß z.B. intrazellulär in Verbindung mit proteinreichen Aleuren steht (Van der Meern *et al.* 1996; Firestone & Mossoba, 1997). Eine Kombination von chromatographischen Techniken (SC, DC, GC und HPLC) wurde zur Untersuchung der Fettsäuren, Lipidklassen, Triacylglycerole und anderer fettlöslicher bioaktiver Komponenten in den Ölen verwendet. Entsprechend werden die Resultate in Tabelle 2 (S. 69) gezeigt. Die

Hauptfettsäuren in Schwarzkümmelöl sind Linol- und Ölsäure. Diese Samen enthalten auch beträchtliche Mengen an gesättigten Fettsäuren, besonders an Palmitinsäure. Das Fettsäureprofil von Nigeröl ist durch Linol-, Palmitin-, Öl- und Stearinsäuren als Hauptfettsäuren gekennzeichnet. Linolsäure war die Majorfettsäure (63.0 %) mit einem ungesättigten Charakter gefolgt von Ölsäure. Zusammen stellen diese vier Fettsäuren (Linol-, Öl-, Palmitin- und Stearinsäure) *ca.* 97% am Gesamtfettsäuregehalt dar (Ramadan & Mörsel, 2002a, e). 12 unterschiedliche Fettsäuren sind im Korianderöl zu finden. Es charakterisiert sich über die Petroselinsäure (C18:1*n*-12) als Hauptfettsäure gefolgt von Linolsäure. Petroselinsäure ist relativ selten unter den Octadecensäuren in pflanzlichen Ölen vertreten. Durch die spezielle Position seiner Doppelbindung in der 6,7-Position ist sie industriell von großem Wert (z.B. als Feinchemikalie, zur Verwendung als Weichmacher und zur Produktion von Nylon). Die Ermittlung der Gehalte der einzelnen Lipidfraktionen und die Zusammensetzung der Fettsäuren kann die Anwendung von jeder Fraktion in der Industrie aufzeigen. Wie bei Ölsaaten zu erwarten bildeten die Neutrallipide (NL) die Hauptfraktion gefolgt von Glykolipide (GL) und Phospholipide (PL). Das Verhältnis von gesättigen zu mehrfach ungesättigten Fettsäuren (S/P) in der Ölfraktion (Extraktion mit Hexan) ist in Tabelle 4 (S. 71) zusammengefasst. In allen hier untersuchten Ölen waren die Triacylglycerole (TAG) die dominierende Komponente. Andererseits liegen Mono-, Diacylglycerole und freie Fettsäuren in geringeren Mengen in den Rohölen vor. Schwarzkümmelöl enthält sechs TAG-Sorten und zwei von ihnen, C54:3 und C54:6, stellen 74% der Gesamt-TAG-Gehalte dar (Ramadan & Mörsel, 2002a). Im Nigeröl treten als Haupt-TAGs die C54:6 und C54:3 (Trilinolein und Triolein) auf. Sechs TAG-Sorten sind im Korianderöl identifiziert worden, das TAG C54:3 (Tripetroselinin oder dipetroselinoyl oleoyl glycerin) ergibt mehr als 50% von dem Gesamt-TAG-Gehalt.

Die Sterole ergebeben den Hauptteil der unverseifbaren Stoffe in vielen Ölen. Sie sind von Interesse wegen ihrer Antioxidantswirkung und der nachgewiesene Wirkung auf die menschliche Gesundheit. Auch die Betrachtung der Sterole hinsichtlich Vorkommen und Verteilung offenbaren charakteristische und signifikante Unterschiede zwischen den verschiedenen Ölen. Im Schwarzkümmelöl ist das β-Sitosterol der Hauptbestandteil der Phytosterole gefolgt von Δ5-Avenasterol und Δ7-Avenasterol. Stigmasterol, Campesterol und Lanosterol wurden in kleinen Mengen ermittelt. Das Nigeröl wird über das β-Sitosterol gekennzeichnet. Campesterol und Stigmasterol wurden in ungefähr gleichen Mengen (*ca.* 16% des Gesamtgehaltes der Sterole) bestimmt. Andererseits waren die Majorsterole im Korianderöl das β-Sitosterol und das Stigmasterol (Tabelle 3, S. 70). Innerhalb der Gruppe der Phytosterole ist das Sitosterol am besten im Bezug auf seine positiven physiologischen Effekte auf die menschliche Gesundheit untersucht worden (Yang *et al.*, 2001).

Eine relativ hohe Menge an Glykolipiden (GL) ist in allen Ölen gefunden worden. Sechs GL-Unterklassen sind im Schwarzkümmelöl ermittelt worden, wobei das DGD der bedeutendste Bestandteil war und es bildete mehr als die Hälfte an den Gesamtgehalten der GL gefolgt von CER, ASG, CER und SG, die jeweils in vergleichbaren Gehalten bestimmt worden und enthalten so zusammen über 30% an dem Gesamtgehalt der GL. Außerdem sind nur im Schwarzkümmelöl Sulfolipide (ca. 5% am Gesamtgehalt der GL) identifiziert worden (Ramadan & Mörsel, 2003b). Die Komponenten-Unterklassen vom Korianderöl und Nigeröl sind ähnlich im chromatographischen Muster und Verteilung. Die GL des Korianderöls und des Nigeröls identifizieren sich über ASG, SG und CER; jede Komponente ist etwa zu einem Drittel am Gesamtgehalt der GL enthalten. Glucose war der einzige Zuckerbestandteil, der in allen Proben identifiziert worden war.

Phospholipide (PL) besitzen das Potential, als ein Multifunktionszusatzstoff für die Zubereitung von Lebensmittel sowie als Komponenten in pharmazeutischen und industriellen Produkten eingesetzt zu werden (Endre & Szuhaj, 1996). Die Klasse der Phospholipide kombiniert positive ernährungsphysiologische und wichtige technologische Eigenschaften in sich. Diese doppelte Funktion der PL prädestiniert sie als ideale Substanz zur Verwendung im Sinne der functional food-Produkte. Die Erforschung neuer natürlicher Quellen für PL schreitet auf diesem Gebiet voran (Cherry & Kramer, 1989). Die PL-Unterklassen der Öle wurden in sieben Fraktionen mit Hilfe von DC und HPLC/UV untersucht. Die einzelnen Fraktionen werden in der HPLC gegen die Retentionszeiten authentischer Standards gemessen und identifiziert, wie u.a. Phosphatidylglycerol (PG), Phosphatidylethanolamin (PE), *Lyso*-Phosphatidylethanolamin (LPE), Phosphatidylinositol (PI), Phosphatidylserin (PS), Phosphatidylcholin (PC) und *Lyso*-Phosphatidylcholin (LPC). Generell ist das verbreiteste PL das PC gefolgt von PE, PI und/oder PS. Mehr als ein Drittel an dem Gesamtgehalt der PL ist PC, rund ein Viertel war PE. Phosphatidylglycerol (PG), *Lyso*-Phosphatidylethanolamine (LPE) und *lyso*-Phosphatidylcholine (LPC) wurden in geringen Gehalten ermittelt (Ramadan & Mörsel, 2002c, d; 2003a).

Die große Stabilität der Öle begründet sich einerseits durch die spezifische Zusammensetzung der Fettsäuren. Andererseits befinden sich im Öl weitere stabilisierende Komponenten, wie u.a. fettlösliche Vitamine. Die ernährungsbezogenen wichtigsten Bestandteile, wie Tocopherole, verbessern auch die Stabilität des Öls. Die Gehalte der Tocopherolisomere in den verschiedenen Ölen sind in Tabelle 3 (S. 70) aufgeführt. α- und γ-Tocopherol waren die Hauptbestandteile im Schwarzkümmelöl und Nigeröl, während β- und δ-Tocopherol die Hauptbestandteile in Korianderöl waren. α-Tocopherol stellt gut 48% im Schwarzkümmelöl und 44% im Nigeröl an dem Gesamttocopherolgehalt dar. Andererseits macht β-Tocopherol ca. 53% an dem Gesamttocopherolniveau im Korianderöl gefolgt von δ-Tocopherol aus. Die Wirksamkeit von Tocopherol als Antioxidantsmittel wurde begründet durch die Fähigkeit bei der Reaktion von Fettsäuren zu Peroxidradikalen Kettenreaktionen abzubrechen. Große Mengen an *β*-Carotin (Tabelle 3) wurden in den Ölen bestimmt (Korianderöl> Nigeröl> Schwarzkümmelöl). Vitamin K_1 wird von einem Erwachsen nur in extrem niedrigen Gehalten benötigt (Suttie, 1985). Jedoch, sind relativ wenige Quellen für Phylloquinone vorhanden. Die Ölsaaten dieser Untersuchungsreihe wurden durch hohe Mengen von Phylloquinone gekennzeichnet (Ramadan & Mörsel, 2002b), insbesonders auch im Nigeröl festgestellt, welches mehr als 0.2% Vitamin K_1 im Gesamtölgehalt enthält und so eine außergewöhnliche Stellung einnimmt.

Antioxidantseigenschaften der Rohöle und der einzelnen Ölfraktionen

Die Testreihen zur Feststellung der Antioxidant-Aktivität können in zwei Gruppen kategorisiert werden: 1. Test auf Fähigkeit freie Radikale abfangen zu können und 2. Test auf die Fähigkeit Lipidoxidationsvorgänge unterbinden zu können (Schwarz *et al.*, 2000). Rohspeiseöle sind üblicherweise gegenüber oxidativ bedingten Veränderungen beständig, wobei die verarbeiteten Gegenstücke empfindlicher sind und nicht vergleichbar stabil. Neben der Abhängigkeit der Autoxidationsstabilität von der Fettsäurezusammensetzung, kann die Anwesendheit von lipophilen bioaktiven Komponenten Einfluß nehmen auf die Haltbarkeit der Öle und die Menge der gebildeten Hydroperoxide. Antiradikalische Eigenschaften der Rohöle wurden unter speziellen Versuchsbedingungen bestimmt, in dem die Öle künstlich mit zwei unterschiedlich beständigen freien Radikale (DPPH und Galvinoxyl) behandelt wurden. Die beiden Untersuchungsmethoden, ESR und spektralphotometrische Messung, zeigten ähnliche Resultate (Ramadan *et al.*, 2003c). Abbildungen 1 und 2 (S. 72, 73) zeigen, daß das Korianderöl die höchste RSA aufweist, gefolgt von Schwarzkümmelöl und Nigeröl. Es ist anzunehmen, daß je größer der Grad der Ungesättigtheit eines Öls ist, es desto empfindlicher gegenüber oxidationsbedingter Qualitätsminderung ist. So kann die niedrige RSA des Nigeröls teils durch die Tatsache erklärt werden, daß das Nigeröl die größten Gehalte an PUFA enthält. Hydoperoxide sind die Primärprodukte bei der Lipidoxidation. Der Peroxidwert (PV) wird als Index und als Maß für den Grad des oxidierten Zustandes eines Öles herangezogen. Die Resultate dieser Untersuchungsreihe zeigten eine Übereinstimmung mit dieser allgemeinen Aussage, worin die Menge an Primär-Autoxidationsprodukten im Rohöl mit den Werten der RSA korrelieren. Die Gehalte des Unverseifbaren im Rohöle stehen ebenfalls in Verbindung mit ihrer RSA. Überraschend ist, daß keine Wechselbeziehung zwischen RSA und den unterschiedlichen Gehalten an Tocopherol in Ölen nachgewiesen werden konnte. α-Tocopherol ist nicht so gut als ein Antioxidantsmittel für die Verhinderung der Bildung von Hydroperoxiden geeignet, wie andere phenolische Komponenten. Zusätzlich zeigt das α-Tocopherol in hohen Konzentrationen ein Prooxidantseffekt, eine Tatsache, die bereits von anderen Forscher in Speiseölen und in freien Fettsäuresystemen nachgewiesen wurde (Jung & Min, 1992; Cillard & Cillard, 1980). Auf der anderen Seite ist der Gehalt an Sterole im Öl proportional zu ihrer RSA festgestellt worden. Phytosterole weisen eine ausgeprägte Antioxidantsaktivität durch Interaktion mit der Öloberfläche auf und können Oxidationsvorgänge hemmen. Eine positive Wechselbeziehung zwischen der RSA von Rohölen und dem Gesamtgehalt der Polarlipide wurde hiermit nachgewiesen. Die Gruppe der Polarlipide wurden in großen Mengen (Tabelle 4, S. 71) im Hexanextrakt aus den Koriandersaaten gefunden, gefolgt von Schwarzkümmel- und Nigersaaten. Die Amingruppe des Phosphatidylethanolamins und des Phosphatidylserins kann offensichtlich leicht ein Elektron an Tocopherole abgeben. Folglich können PL die Wirksamkeit der Tocopherole verlängern durch die Hinauszögerung irreversibler Oxidationsreaktionen der Tocopherole zu Tocopherylquinonen (Hudson & Lewis, 1983). Die hohe RSA des Korianderöls und des Schwarzkümmelöls kann auch den großen Gehalten an PL zugeschrieben werden, welche Synergien mit den Tocopherolen eingehen können. Die gewonnenen Rohöle enthalten daneben phenolische Verbindungen, denen im allgemeinen eine konservierende Eigenschaft in Ölen zugeschrieben wird. Diese Verbindungen werden als Verantwortliche für die RSA angesehen. Der Gesamtgehalt der phenolischen Verbindungen von Schwarzkümmelöl war fünffach höher als der Gehalt im Nigeröl und doppelt so hoch als im Korianderöl (Tabelle 3, S. 70). Antiradikalische Aktivitäten im

Schwarzkümmelöl, welches die höchste Mengen an Phenole beeinhaltet, waren entschieden größer als die im Nigeröl. Jedoch kann keine direkte Abhängigkeit der RSA der unterschiedlichen Öle zu ihrer Gehalten an Phenolen aufgezeigt werden. Es ist zu erwähnen, daß die Ölstabilität nicht nur in Abhängigkeit zu dem Gesamtgehalt der Phenole steht, sondern auch mit die Anwesendheit von bestimmten einzelnen Phenole in Zusammenhang steht (Tovar *et al.*, 2001). Dies zeigt, daß die RSA der Rohöle als eine kombinierte Aktivität unterschiedlicher endogener Antioxidantien interpretiert werden könnte. Jedoch erwartet man in der Fettfraktion, welche hauptsächlich polare Lipide und Phenole enthält, eine dominierende RSA begründet auf den Gehalten dieser speziellen Komponenten und ihrer Fähigkeit synergistisch auf Primär-Antioxidantien einzuwirken (Ramadan *et al.*, 2003c).

Neutrallipide bilden den Hauptanteil des Öles gefolgt von GL und PL. Die beiden Testmethoden auf Radikalabfängerfähigkeit ergeben die gleichen Resultate (Abbildung 2, S. 73). Die PL besitzen die größte RSA gefolgt von den Werten der GL und der NL. Diese Erkenntnis unterstützt die Theorie, daß die RSA von den Gehalten der NL abhängt und von den Gehalten der PUFA und des PV-Wertes. In allen Fraktionen weist das Nigeröl eine viel schwächere RSA im Vergleich zu dem Schwarzkümmel- und Korianderöl auf. Die antiradikalische Eigenschaft der GL ist bis jetzt noch nicht in der Fachliteratur publiziert worden. Folglich wird in dieser Arbeit zum ersten Mal eindeutig die antioxidative Fähigkeit der GL in den Rohölen nachgewiesen. Es ist zu erwarten, daß die reduzierende Zuckerkomponente in den GL zusammen mit den Sterolen in den SG die RSA der GL insgesamt erhöht (Ramadan *et al.*, 2003c). Außerdem wurden weniger polare phenolische Verbindungen mit den GL extrahiert und dies kann verantwortlich für die starke antiradikalische Aktivität dieser Fraktion sein. Die Zusammensetzung der Fettsäuren der einzelnen PL kann eine wichtig Rolle in der RSA der PL spielen. Es ist beobachtet worden, dass die RSA der PL stark abhängig ist von dem Grad der Ungesättigtheit der enthaltenden Fettsäuren. Je höher das S/P-Verhältnis, desto höher ist die RSA (Tabelle 4, S. 71). Boyd (2001) postulierte, daß die Fähigkeit der PL, Fette stabilisieren zu können, abhängig ist von der Kettenlänge der Fettsäuren und dem Grad des ungesättigten Charakters der Fettsäuren in den PL. So wurde festgestellt, daß die PL mit langen Fettsäureketten und PL mit vielen gesättigten Fettsäuren die wirkungsvollsten Antioxidantien sind. Es ist wahrscheinlich, daß die antioxidative Aktivität der PL variiert in Abhängigkeit zu den individuellen Unterschieden in ihren funktionellen Gruppen und in der Struktur und dem Aufbau der enthaltenden Fettsäuren.

Die Maillard-Reaktions-Produkte (MRP) sind ein ausgezeichnetes Beispiel an natürliche Endprodukte, die als ein Resultat von thermischer Behandlungen bilden (Eriksson, 1982). Sie werden infolge der Reaktion von Amin und dem reduzierenden Zucker gebildet. Lipide, Vitamine und andere Komponentengruppen, die Aminogruppen enthalten, nehmen an der Maillard Reaktion als einer der Reaktionspartner teil. Die MRPs wurden im Hinblick auf ihre Antioxidants-Aktivität im Modellsystem sowie in einigen fetthaltigen Nahrungsmitteln untersucht (Reische *et al.*, 2002). Seit King *et al.* (1992) auf die Abhängigkeit zwischen der antioxidativen Eigenschaft der PL und der Zusammensetzung der MRP, ist kein Studium des Verhältnisses zwischen Farbintensitäten der Rohöle und ihrer RSA durchführte worden. Obgleich von der Existenz von Melano-PL in einem Hexanextrakt der Sojabohne berichtet wurde (Zuev *et al.*, 1970), ist keine weiterführende Untersuchungsreihe durchgeführt worden. Man kann sagen, dass die Temperatur von 70 °C und eine Extraktionszeit von 8 h bevorzugt wird, um MRP herzustellen. Andererseits konnte bei einer kalten Extraktion (8 h bei Raumtemperatur) nicht die Existenz von MRP demonstriert werden. Unter thermischen Bedingungen ist die Anordnung der MRP von der Reaktionszeit abhängig. Die Farbintensität der einzelnen Öle steht in Beziehung mit der RSA. Es wurde berichtet, daß diese kolorierenden Komponenten ebenfalls bei der Bildung von Melano-PL beteiligt sind, welche die Fähigkeit zur Inaktivierung von Hydroperoxiden besitzen, die während Oxidationsreaktionen eine wichtige Rolle spielen (Husain *et al.*, 1984). Die Absorptionsfähigkeit wurde im ultravioletten Bereich um 430 nm der Rohöle und ihrer Fraktionen nachgewiesen und erkannte, daß die heiße Extraktion ein höheres Niveau von MRP in der Fraktion der Polarlipide verursachte (Ramadan *et al.*, 2003c). Phospholipide wiesen hohe Gehalte an MRP gefolgt von GL auf, während es in den NL schwierig war, überhaupt MRP nachzuweisen. Außerdem scheint die Farbintensität von Ölen abhängig von der Konzentration der Polarlipide zu sein.

Rohöl wurde mit dem Lösungsmittel Chloroform fraktioniert, um NL zurückzugewinnen, die hauptsächlich aus Triacylglycerolen zusammengesetzt sind. Es sollte die Oxidative Stabilität (OS) in Abhängigkeit von den Triacylglycerolen der Rohöle untersucht werden. PV, der *p*-Anisidinwert (AV) und die UV-Absorption wurden als Index und Maß von abgehlaufenden Lipidoxidationsvorgängen festgestellt. Der OS-Test zeigte, daß wenn die zugelassene Zeit für die Oxidationsreaktion verlängert wurde, die OS der Öle sich verringerte (Abbildung 3, S. 74). Die Rohöle haben eine viel niedrige PV über die gesamte Oxidationszeit als die der zum Vergleich zur Verfügung stehenden Triacylglycerole. Der *p*-Anisidinwert, der als ein Maß für den Gehalt an ungesättigten Aldehyden angesehen, wird durch die Reaktion von *p*-Anisidin mit dem Ölkomponenten in Isooktan festgestellt und die resultierende Farbe des Reaktionsgemisches wird bei 350 nm gemessen. Während der Oxidation bei 60 °C im Dunkeln (Abbildung 4, S. 75) sind die Rohöle beständig. Nigeröl zeigt die größte AV und oxidiert relativ schnell. Nach 21 Tagen während des Testlaufes im Ofen, war der Wert für Schwarzkümmel- und Korianderrohöl und der im Vergleich vermessenden speziellen Triacylglycerole bedeutend niedriger als der Wert für Nigeröl. Diese Ergebnisse zeigen, daß das Korianderöl gefolgt von Schwarzkümmelöl eine höhere OS als Nigeröl besitzt. Die Absorption wird bei 232 nm und 270 nm gemessen, da dort die Primär- und Sekundärkomponenten der Oxidationsreaktionen aktiv sind (Abbildung 5 und 6, S. 76, 77). Es wurde ein Muster ähnlich der PV gefunden. Die Absorptionsmessung bei 232 nm zeigt die zunehmende und stufenweise ablaufende Erhöhung der Gehalte an konjugierten Dienen in Verbindung mit der fortschreitenden Reaktionszeit. Der Gehalt an Aldehyden und Ketonen, die mitverantwortlich sind für den ranzigen Geruch und Geschmack oxidierter fettreicher Produkte, kann man durch Messung im Absorptionsbereich bei 270 nm bestimmt werden (Abbildung 6, S. 77). Die Veränderung der Absorptionswellenlänge auf 270 nm, passend zu dem Bestimmungsbereich von konjugierten Trienen sowie ungesättigter Ketone und Aldehyde, bilden ein Absorptionsmuster ähnlich dem bei 232 nm Wellenlänge. Abbildung 7 (S. 78) zeigt die Auswirkung auf die Absorptionsspektren der einzelnen Rohöle bei der Veränderung der Wellenlängen von 220 auf 320 nm. Man kann daraus ersehen, daß der Wechsel das Spektrum nicht bedeutend veränderte. Das Korianderöl enthält ein niedrigeres Niveau an konjugierten Oxidationsprodukten und steht so in Übereinstimmung mit erhaltenden Ergebnissen zu den PV und AV-Werten. Es ist offensichtlich, daß das relativ niedrige Niveau an Oxidationsprodukten nicht der einzige Faktor ist, der verantwortlich ist für die wahrnehmbare Verbesserung der OS der Rohöle. Folglich könnten die Polarfraktionen, die in den Rohölen enthalten sind, die Hauptverantwortlichen für die gute Stabilität gegenüber Autoxidationsreaktionen sein (Ramadan & Mörsel, 2004).

Schlussfolgerungen

Obgleich Samen des Schwarzkümmels, des Korianders und des Nigers in vielen Teilen der Welt als Quelle von Speiseölen und als ein wichtiger Bestandteil der Ernährung angesehen werden, wird auch in hiesigen Breiten im zunehmenden Maße die Verwendung dieser „exotischen" Samen populär. Dennoch sind die Informationen über die „phytochemicals" in diesen Ölen begrenzt. Diese phytochemicals können eine wichtige ernährungsphysiologische Bedeutung und gesundheitlichen Nutzen für den menschlichen Metabolismus besitzen. Die Ergebnisse dieser Arbeit können wichtig sein, um einen möglichen ökonomischen Nutzen dieser „neuen" Samen aufzuzeigen und innovative

Anwendungsmöglichkeiten in der hiesigen Nahrungsmittelindustrie anzuregen, z.B. als Quelle von neuen und speziellen Speiseölen.

Die Resultate zeigen auch, daß die Öle dieser Studienreihe reiche Quellen an essentiellen Fettsäuren und fettlöslichen bioaktiven Komponenten darstellen. Es ist auch anzumerken, daß das Lösungsmittel, daß für die Extraktion der Öle verwendet wird, eine wichtige Rolle bei der Profil- und Charakterbildung der gewonnenen Lipide spielt.

Die Ergebnisse zeigen darüber hinaus die Anwendbarkeit der gewählten chromatographischen Techniken, welche keine oder nur geringe Mengen an Chemikalien zur Handhabung der Ölproben und für die Analyse benötigen und demonstrieren die Anwendbarkeit der Methode sowohl bei den Ölen, als auch bei den Standards. Wurden große Mengen an Polarlipiden festgestellt, so können diese Öle verwendet werden als wertvolle Quelle von Lecithin. Durch die Anwesendheit von allen GL-Unterklassen im Schwarzkümmelöl in beträchtlichen Mengen kann dieses Material eine ausgezeichnete und vollständige Quelle an GL in der menschlichen Ernährung darstellen. PL haben einen beträchtlichen Gehalt an PC (ca. 50% an dem Gesamtgehalt der PL), welche als markantester Bestandteil Lecithin enthält und zur Gewinnung dieses Stoffes eingesetzt werden kann.

Es kann geschlussfolgert werden, daß diese Öle durch ihre spezielle chemische Zusammensetzung, insbesondere der Vitamine, als Rohstoffe zur Produktion vielversprechender neuer Produkte verwendet werden können. Die direkte Anwendung dieser Öle zur Zubereitung von Speisen, kann so dem menschlichen Körper über die Nahrung wichtige Vitamine zuführen. Außerdem könnten diese Öle für andere kommerzielle Produktformulierungen, wie z.B. zur Produktion von Seifen oder zur Kreation neuer Kosmetika, Anwendungen finden. Eine lohnende und gewinnbringende Vermarktung dieser neuen Saaten und ihrer Polarlipide scheint verwirklichbar.

Die RSA der Rohöle wurden bisher nicht weiter untersucht. Kein einzelner Parameter kann allein den Unterschied in den antioxidativen Eigenschaften erklären. Es kann nur geschlussfolgert werden, daß die RSA der Rohöle durch den Gehalt an PUFA, dem PV-Wert und auch bedeutend durch den Gehalt an Polarlipide im Öl beeinflußt wird.

Das Ergebnis des hohen RSA-Wertes von Korianderöl im Vergleich zu den anderen Ölen zeigt, daß das Rohöl eine gute Quelle von Antioxidantskomponenten darstellt. Durch die außergewöhnliche Qualität und dem Potential der polaren Fraktion der Öle kann es wie ein natürliches Antioxidant für die Verwendung in lipidhaltigen Nahrungsmittel eingesetzt werden. Der doppelte Nutzen leitet sich auch davon ab, daß das Roh-PL dieser Öle als Alternative zur Herstellung und zur Emulgierung von Formulierungen ohne die Verwendung synthetisch hergestellter Antioxidantien herangezogen werden könnten und so den Herstellern eine gute Alternative bietet.

Die Farbintensitätwerte und das MRP bilden zusammen ein gutes Sekundär-Index auf die RSA von Rohölen. Angesichts dieses erbrachten Beweises können diese bioaktiven Substanzen eine extraernährungsphysiologische Eigenschaft erbringen und eine mögliche positive Rolle bei der Erhaltung der Gesundheit spielen. Zusätzliche Untersuchungen sind notwendig, den physiologischen Einfluß und die Wirkung festzustellen und konkret nachzuweisen. Eine Verbindung zwischen ihren antiradikalischen Eigenschaften und ihren biologischen Effekt soll des weiteren aufgezeigt werden.

Investigation on Lipid Composition and Functional Properties of Some Exotic Oilseeds

1 Introduction

Interest in newer sources of edible oils has recently grown. Oilseeds are important sources of oils of nutritional, industrial and pharmaceutical importance. Nonconventional oilseeds are being considered because their constituents have unique chemical properties and may augment the supply of edible oils (Cherry and Kramer, 1989). No oil from any single source has been found to be suitable for all purposes because oils from different sources generally differ in their composition. This necessitates the search for new sources of novel oils. So far, a large number of plants have been analyzed and some of these have been cultivated as new oil crops (Hirsinger, 1989). Among the various seed oils, black cumin (*Nigella sativa* L.), coriander (*Coriandrum sativum* L.) and niger (*Guizotia abyssinica* Cass.) are of particular interest because they may utilized for the production of formulations containing phytochemicals with significant antioxidant properties and health benefits.

Natural fats and oils contain, apart from the triacylglycerols, a number of lipophilic bioactives of the most diverse chemical makeup. Among the most interesting are the polar lipids, phytosterols, carotenoids and fat-soluble vitamins. The information on these minor bioactives in seed oils is also important in processing and utilizing the oil and its by-products. Although the fatty acids composition of selected seed oils, has been reported (Subbaram and Youngs, 1967; Babayan *et al.*, 1978; Lakshminarayana *et al.*, 1981; Birgrit *et al.*, 1998; Saleh Al-Jasser, 1992; Dutta *et al.*, 1994; Dagne and Jonsson, 1997), no data about their triacylglycerols, polar lipids and other fat-soluble bioactives constitution were available. Such data is valuable for the determination of their food value and shelf life. Edible plant glycolipids (GL) are thought to be nutrients in the human diet, but little is known about them in intestinal digestion and absorption in mammals

(Andersson *et al.*, 1995). Phospholipids (PL) exhibit well-documented nutritional and/or therapeutic benefits. Even though they have a very positive image and are known as food emulsifiers world-wide, their use in functional and nutracetical foods is still limited. They have usually been considered as a free radical scavengers, as an antioxidant synergist and as a extender for the action of primary antioxidants. The emulsifying action of PL, furthermore, can play an important role or synergy by increasing the contact between the antioxidant and the oxidizing fat (Schneider, 2001). Phytosterols (ST) in vegetable oils are hypocholesterolemic and their antioxidant activity has been attributed to the formation of an allylic free radical and its isomerization to other relatively stable free radicals (Kochhar 2000; Wang *et al.*, 2002). The nutritionally important antioxidants such as tocopherols and carotenes improve the stability of the oils (Warner and Frankel, 1987; Yanishlieva and Marinova, 2001). Phenolics have a great effect on the stability, sensory and nutritional characteristics of the product and may prevent deterioration through the quenching of radical reactions responsible for lipid rancidity (Cai *et al.*, 2003; Tovar *et al.*, 2001).

Recently, the safety of synthetic antioxidants has been questioned and research has focused on isolation and characterization of effective natural antioxidants (Reische *et al.*, 2002). The consumption of foodstuffs rich in antioxidants provides protection against cancer and cardio- and cerebrovascular diseases. This protection can be explained by the capacity of these antioxidants to scavenge free radicals, which are responsible for the oxidative damage of lipids, proteins and nucleic acids (Aruoma *et al.*, 1998). Reports have described antioxidants and compounds with radical scavenging activity (RSA) present in olive oil (Amarowicz *et al.*, 2000; Baldioli *et al.*, 1996; Litridou *et al.*, 1997) and some commercial vegetable oils (Espin *et al.*, 2000). Very little information, however, is currently available on the bioactive constituents present in crude seed oils that are responsible for their antioxidant properties. On the other side, lipid oxidation negatively affects the flavor, odor, color, and nutritional value of foods during storage and this may also limit the utilization of oil in processed and fortified foods as well as nutritional supplements. Evaluation of oxidative stability (OS) of different oils has shown that differences observed depend on the nature of minor components in the systems involved (Alasalvar *et al.*, 2003). It is, therefore, important to evaluate the OS of oils as affected by processing and storage conditions.

Black cumin, coriander and niger seed oils have been introduced to the market relatively recently and therefore data on these oils were rather limited. Recognition of nutritional value of these seed oils, has revitalized interest in studies of their composition and OS. The objectives of this study were; (a) to analyze the crude seed oils, their fractions and their bioactive compounds, (b) to compare the RSA of the mentioned crude oils and their fractions, (c) to study the effect of minor constituents in oils, especially polar lipids, on their RSA, (d) to report on the relationship between color intensity of seed oils and their antioxidant properties, (e) to assess OS of both stripped and crude seed oils by monitoring oxidative products and (f) to evaluate the efficacy of a combination of polar lipids, in retarding the oxidation of crude oils. The results will be important as an indication of the potentially economical utility of these seeds as a new source of edible oils.

2 Material and Methods

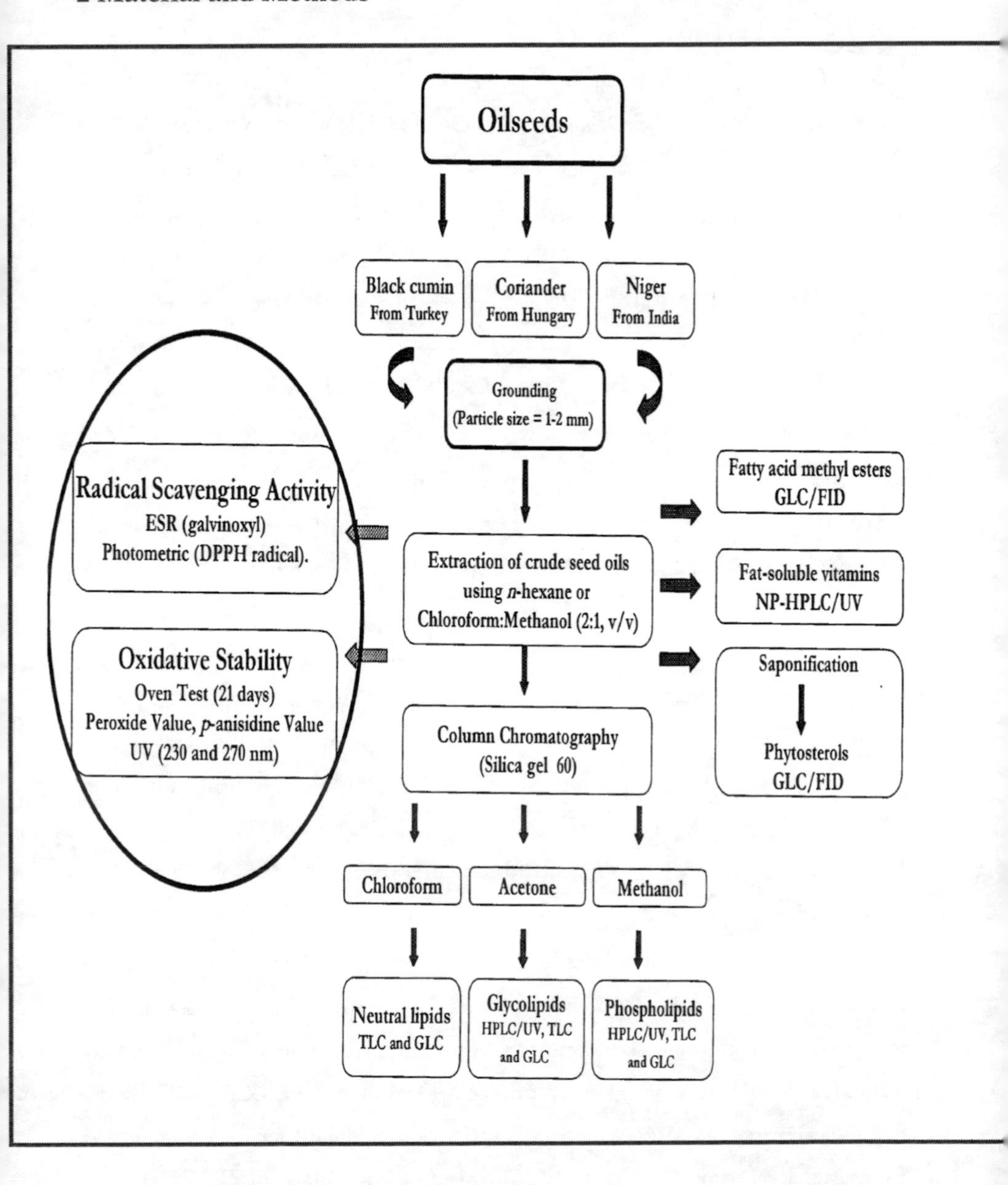

General scheme of methods used during the study

2.1 Oilseeds and Chemicals

Mature black cumin [(*Nigella sativa* L.), from Turkey] , coriander [(*Coriandrum sativum* L.), from Hungary] and niger [(*Guizotia abyssinica* Cass.), from India] seeds were obtained from Alfred Galke GmbH (Gittelde, Germany) and stored at 4 °C until extraction. The following highly purified simple triacylglycerols were obtained from Serva (Heidelberg, Germany): tricaprin (C30:0), trilaurin (36:0), trimyristin (42:0), tripalmitin (48:0), tripalmitolein (48:3), trimargrin (51:0), tristearin (54:0), triolein (54:3), and trilinolein (54:6). 1,3-dipalmtoyl-2-oleoylgylcerol (50:1), 1,2-dipalmitoyl-3-oleoyl-rac-glycerol (50:1), and 1,2-dioleoyl-3-palmitoyl-rac-glycerol (52:2) were purchased from Sigma (St. Louis, MO, USA). Standards used for sterols characterization, *β*-sitosterol, stigmasterol, lanosterol, ergosterol, campesterol, Δ5-avenasterol and Δ7-avenasterol were purchased from Supelco (Bellefonte, PA, USA). The boron trifluoride-methanol complex (solution 10% in methanol), which was used for derivatization of the fatty acids, was purchased from Merck (Darmstadt, Germany). Standards used for glycolipid identification, monogalactosyldiacylglycerol (MGD), digalactosyldiacylglycerol (DGD), cerebrosides (CER), steryl glucoside (SG) and acylated steryl glucoside (ASG) were of plant origin (plant species unknown) and purchased from Biotrend (Köln, Germany). Standards used for phospholipid characterization, Phosphatidylserine (PS), Phosphatidylethanolamine (PE), Phosphatidylinositol (PI), Phosphatidylglycerol (PG), Phosphatidylcholine (PC), Lysophosphatidylcholine (LPC), Lysophosphatidylethanolamine (LPE) were purchased from Sigma (St. Louis, MO, USA). Standards used for vitamin E (α-, β-, γ- and δ- tocopherol), *β*-carotene and vitamin K_1 (2-methyl-3-phytyl-1,4-naphthochinon) characterization were purchased from Merck (Darmstadt, Germany). 1,1-diphenyl-2-picrylhydrazyl (DPPH, approximately 90%) was from Sigma (St. Louis, MO, USA). Galvinoxyl, free radical were from Aldrich (Milw., WI, USA). The Folin-Ciocalteu reagent was from Merck (Darmstadt, Germany). *p*-Anisidine (4-Amino-anisol; 4-Methoxy-anilin) and caffeic acid were from Fluka (Buchs, Switzerland). All solvents and reagents from various suppliers were of the highest purity needed for each application and used without further purification.

2.2 Methods

2.2.1 Extraction of the seed oil

Oilseeds were finely ground to 1-2 mm particle size and the extraction process (8 h at 70 °C) was performed in a Soxhlet extractor using *n*-hexane and/or chloroform:methanol (2:1, by volume). Under the condition of extraction with chloroform:methanol the extracted lipids require an addition of 0.2 volume of 0.75% aqueous sodium chloride solution. The whole was thoroughly mixed without shaking, the layers allowed to separate and the chloroform layer was recovered. The lipid extract was collected in a flask and subsequently treated with sodium sulfate to remove traces of water. After filtration the extract was taken to dryness on a rotary evaporator at 40 °C.

2.2.2 GLC/FID analysis of fatty acids

Fatty acids were transesterified into methyl esters (FAME) by heating in boron trifluoride according to the procedure reported by Metcalfe *et al.* (1966). FAME were identified on a Shimadzu GC-14A equipped with flame ionization detector (FID) and C-R4AX chromatopac integrator (Kyoto, Japan). The flow rate of the carrier gas helium was 0.6 ml/min. A sample of 1 µL was injected on a 30 m x 0.25 mm x 0.2 µm film thickness Supelco SP^{TM}-2380 (Bellefonte, PA, USA) capillary column. The injector and FID temperature was set at 250 °C. The initial column temperature was 100 °C programmed by 5 °C/min until 175 °C and kept 10 min at 175 °C, then 8 °C/min until 220 °C and kept 10 min at 220 °C. A comparison between the retention times of the samples with those of authentic standards (Sigma; St. Louis, MO, USA), run on the same column under the same conditions, was made to facilitate identification.

2.2.3 Column chromatography (CC) fractionation of lipid classes

Recovered oils in chloroform were fractionated into the different classes by elution with different polar solvents over a glass column packed with a slurry of activated silicic acid (70 to 230 mesh; Merck) in chloroform (1:5, w/v) according to Rouser *et al.* (1967). Neutral lipids (NL) were eluted with 3-times the column volume of chloroform. The major portion of glycolipids (GL) was eluted with 5-times the column volume of acetone and that of phospholipids (PL) with 4-times the column volume of methanol.

2.2.4 Thin-layer chromatography (TLC) of neutral lipid subclasses

Analytical and preparative TLC separation of NL subclasses was conducted on Silica Gel 60 plates (thickness =0.25 mm; Merck) which activated at 120 °C for 2 h immediately before use. Plates were developed with *n*-hexane/diethyl ether/acetic acid (60:40:1, v/v/v), air dried and stained by rhodamine in ethanol (0.5 g/L). Identification of the bands was made with the aid of the references by comparing the bands on the same chromatogram: TAG (R_f= 0.79); free fatty acids (FFA, R_f = 0.56); monoacylglycerols (MAG, R_f = 0.14); diacylglycerols (DAG, R_f = 0.39); ST (R_f = 0.37) and sterol esters (STE, R_f = 0.95). Individual bands were visualized under ultraviolet light after being sprayed with rhodamine, scraped from the plate and recovered by extraction with 10% methanol in diethyl ether, followed by diethyl ether.

2.2.5 GLC/FID analysis of triacylglycerols (TAG)

Triacylglycerols were analyzed on a Mega Series high resolution gas chromatography (HRGC 4160; Carlo Erba, Milan, Italy) equipped with FID. A 30 m x 0.25 mm id RTX-65TG column (65% Diphenyl- 35% dimethylpolysiloxan; Restek, Sulzbach, Germany) was used. The initial column temperature was kept at 260 °C for 5 min then programmed by 5 °C/min until 360 °C and maintained at 360 °C for 25 min. Detector and injector were maintained at 360 °C and 340 °C, respectively. The carrier gas (H_2) had a flow rate of 10 mL/min. Standard TAG were run in order to use retention times in identifying sample peaks. TAG were solubilized in dichloromethane at 10 mg/mL for each TAG and 2 μL was injected. TAG levels were estimated on the basis of peak areas of known concentrations of the standards.

2.2.6 GLC/FID analysis of phytosterols (ST)

2.2.6.1 Extraction of the unsaponifiable matter

Characterization of phytosterols was performed after saponification of the total lipids (TL) without derivatization. About 250 mg of the sample were refluxed with 5 mL ethanolic potassium hydroxide solution (6%, w/v) and a few anti-bumping granules for 60 min. The unsaponifiable matter was firstly extracted three times with 10 mL of petroleum ether, the extracts were combined and washed three times with 10 mL of neutral ethanol/water (1:1, v/v), then dried over anhydrous sodium sulfate. The extract was evaporated in a rotary evaporator at 25 °C under reduced pressure, then ether was completely evaporated under nitrogen. The unsaponifiables were analyzed for ST content according to the GLC conditions described below.

2.2.6.3 GLC/FID analysis

Analyses were carried out using a Mega Series high resolution gas chromatography (HRGC 5160; Carlo Erba, Milan, Italy) equipped with FID. The following parameters were used; GLC column: ID phase DB 5, packed with 5% phenylmethylpolysiloxan (J&W scientific, Falsom, CA, USA), 30 m length, 0.25 mm internal diameter, 1.0 µm film thickness; carrier-gas (helium) flow rate 38 mL/min. Detector and injector were maintained at 280 °C. The oven temperature was kept constant at 310 °C and injected volume was 2 µL.

2.2.7 HPLC/UV analysis of glycolipid (GL) subclasses

Normal-phase HPLC analysis of GL subclasses was performed with a Solvent Delivery Module LC-9A for Shimadzu (Kyoto, Japan). The chromatographic system included a Model 87.00 (Knauer; Berlin, Germany) Variable Wavelength Monitor detector. The column was a stainless steel column, 25.0 cm x 4 mm i.d., packed with Zorbax-Sil, 5 µm (Knauer; Berlin, Germany). GL subclasses were separated with an isocratic elution by a mixed solvents of isooctane/2-propanol (1:1, v/v) and detected at 206 nm in 30 min. Prior to HPLC analyses, aliquots of the GL (acetone fractions obtained from CC) were dried under

N_2 and redissolved in HPLC mobile phase. About 2 μg of each GL fraction were injected and solvent flow was maintained at 0.5 mL/min at a column back-pressure of *ca.* 65 bar. GL standards were injected individually as well as in a mixture to determine retention times and resolution of peaks. The GL subclasses were manually collected and the purity of the individual GL subclasses was checked by TLC on silica gel 60 F_{254} plates using chloroform/methanol/ammonium hydroxide 25% (65:25:4, v/v/v) as the solvent system. GL were quantitated by isolation of the individual subclasses followed by hexose measurement using the phenol/sulfuric acid method in acid-hydrolyzed lipids. The fatty acid composition was estimated after transmethylation with 10% BF_3-methanol. The sugar composition was determined as trimethylsilyl derivatives after acid-hydrolysis (methanolysis). The sterols composition was determined after saponification of the SG and ASG samples without derivatization (Ramadan and Mörsel, 2003b).

2.2.8 TLC and HPLC/UV analysis of phospholipid (PL) subclasses

2.2.8.1 TLC analysis

Analytical TLC separation of PL subclasses (methanol fraction obtained from CC) was conducted on silica gel 60 F_{254} plates, which were developed with chloroform /methanol/ammonia solution 25% (65:25:4, v/v/v), air dried and stained by charring the plates with 50% H_2SO_4. The retention factors (R_f –values) of PL subclasses were compared with those standards, which were also included on each TLC plate.

2.2.8.2 HPLC analysis

Analysis of PL was performed using a Shimadzu LC-9A equipped with a variable wavelength detector. A LiChrosorb Si-60, 5 μm (4 x 250 mm) column was used. Separation was monitored at 205 nm with a flow rate of 0.7 mL/min at room temperature. The eluents were solvent A (isooctane/isopropanol, 6:8, v/v) and solvent B (isooctane/isopropanol/water, 6:8:0.6, v/v/v), with gradient transition from 100% solvent A to 100% solvent B during 35 min. Twenty μL of solvent A containing 1-2 μg of PL (fraction obtained from CC) was injected at a column back-pressure of 105-120 bar. The PL fractions were collected and the purity of the individual PL fractions was checked by TLC as previously described. The phosphorus content of the fractions collected from the HPLC was determined by using the *AOCS* method (1990) and the fatty acid profile of the PL fractions was determined by GLC/FID.

2.2.9 HPLC analysis of fat-soluble vitamins (FSV) and *β*-carotene

2.2.9.1 Procedure

Normal-phase liquid chromatograhy analysis of FSV was performed with a Solvent Delivery Module LC-9A for Shimadzu HPLC equipped with Variable Wavelength Monitor detector. The column was a stainless steel column, 25 cm by 4 mm i.d., packed with Zorbax-Sil, 5 μm (Knauer, Berlin, Germany). Separation of all components was based on isocratic elution and the solvent flow rate was maintained at 1 mL/min at a column back-pressure of about 65-70 bar. The solvent system selected, retention time and UV detection of eluting components were described by Ramadan and Mörsel (2002b). Twenty μL of the seed oil or its diluted solution in the selected mobile phase was directly injected into the HPLC column. FSV and *β*-carotene were identified by comparing their retention times with those of authentic standards. All work was carried out under subdued light conditions.

2.2.9.2 Preparation of standard curves

Standard solutions were prepared by serial dilution to concentration of approximately 5 mg/mL of vitamin E, 0.7 mg/mL of *β*-carotene and 1.4 mg/mL of vitamin K_1. Standard solutions were prepared daily from a stock solution which was stored in the dark at –20 °C. Twenty μL was injected and peaks areas were determined to generate standard curve data. Slope of standard curves (six concentrations levels) was obtained by linear regression.

2.2.10 Extraction, purification and characterization of the phenolics

Aliquots of oil (2 g) were dissolved in *n*-hexane (5 mL) and mixed with 10 mL methanol-water (80:20, v/v) in a glass tube for two min in a vortex. After centrifugation at 3000 rpm for 10 min, the hydroalcoholic extracts were separated from the lipid phase by using Pasteur pipet then combined and concentrated *in vacuo* at 30 °C until a syrup consistency was reached. The lipidic residue was redissolved in 10 mL methanol-water (80:20, v/v) and the extraction was repeated twice. Hydroalcoholic extracts were redissolved in acetonitrile (15 mL) and the mixture was washed three times with *n*-hexane (15 mL each). Purified phenols in acetonitrile were concentrated *in vacuo* at 30 °C then dissolved in methanol for further analysis. Due to the low amounts of phenolics in niger seed oil, ten more times niger seed oil was extracted and subjected to the Folin-Ciocalteu test. Aliquots of phenolic extracts were evaporated to dryness under nitrogen. The residue was redissolved in 0.2 mL water and diluted (1:30) Folin-Ciocalteu's phenol reagent (1 mL) was added. After 3 min, 7.5% sodium carbonate (0.8 mL) was added. After a further 30 min, the absorbance was measured at 765 nm using UV-260 visible recording spectrophotometer (Shimadzu, Kyoto, Japan). Caffeic acid was used for the calibration and the results of triplicate analyses are expressed as parts per million of caffeic acid. Ultraviolet (UV) spectra of methanolic solutions of purified phenolic fractions (final concentration 1 mg in 2 mL methanol) were recorded using a Shimadzu UV-260 spectrophotometer (Kyoto, Japan).

2.2.11 Characterization of Maillard reaction products (MRP)

Influence of extraction conditions on forming MRP was evaluated spectrophotometrically. Samples of 20 mg from hot extracted (8 h at 70 °C) and cold extracted (8 h at room temperature) seed oils and their fractions were dissolved in 3 mL of chloroform for spectrophotometric measurements of color changes. According to King *et al.* (1992) color intensity, as an indicator for formation of MRP, was measured at 430 nm using Shimadzu Recording Spectrophotometer UV-260 (Kyoto, Japan).

2.2.12 Radical scavenging activity (RSA) of crude seed oils and oil fractions

2.2.12.1 Radical Scavenging Activity Toward DPPH Radical (Spectrophotometric Assay) RSA of crude seed oils and oil fractions were examined by reduction of DPPH in toluene. For evaluation, 10 mg of crude seed oils or their fractions (in 100 μL toluene) was mixed with 390 μL toluenic solution of DPPH radicals and the mixture was vortexed for 20 s at ambient temperature. Against a blank of pure toluene without DPPH, the decrease in absorption at 515 nm was measured in 1-cm quartz cells after 1, 30 and 60 min of mixing using UV-260 visible recording spectrophotometer (Shimadzu, Kyoto, Japan). RSA toward DPPH radicals was estimated from the differences in absorbance of toluenic DPPH solution with or without sample (control) and the inhibition percent was calculated from the following equation:

% inhibition = [(absorbance of control – absorbance of test sample)/ absorbance of control] x 100.

2.2.12.2 Radical Scavenging Activity Toward Galvinoxyl Radical (Spectrometric Assay) Miniscope MS 100 ESR spectrometer (Magnettech; Berlin, Germany) was used throughout the analysis. Experimental conditions were as follows: measurement at room temperature; microwave power, 6 db; centerfield, 3397 G, sweep width 83 G, receiver gain 10 and modulation amplitude 2000 mG. Ten mg of crude seed oils or their fractions (in 100 μL toluene) was allowed to react with 100 μL of toluenic solution of galvioxyl (0.125 mM). The mixture was stirred on a vortex stirrer for 20 s then transferred into 50 μL micro pipette for ESR analysis. The amount of galvinoxyl radical inhibited was measured exactly 60 s after the addition of the galvinoxyl radical solution. The galvinoxyl signal intensities were evaluated by the peak height of signals against a control. Further ESR spectra have been recorded in intervals of 90 s for a total incubation time of 60 min. A quantitative estimation of the radical concentration was obtained by evaluating the decrease of the ESR signals in arbitrary units between 1 and 60 min.

2.2.13 Stripping of crude seed oils

Crude seed oils were stripped using column chromatography (20 mm dia x 30 cm) packed with a slurry of activated silicic acid in chloroform (1:5, w/v) to remove polar compounds. For this purpose, a portion of each oil in chloroform was charged on the column and eluted with 3-times the column volume of chloroform to recover the neutral lipids. Solvent was evaporated by using a rotary evaporator and the residues were stored at –20 °C as a stripped oils.

2.2.14 Oxidation experiment of crude and stripped oils (storage study)

Samples of each crude and stripped oil were placed in a series of transparent glass bottles having a volume 20 mL each. The bottles were completely filled with oil and sealed. No headspace was left in the bottles. The oxidation reaction was accelerated in a forced-draft air oven set at 60 ± 2 °C for up to 0, 3, 6, 9, 12, 15, 18 and 21 days. Immediately after storage period, oil samples were withdrawn for triplicate analyses. The progress of the oxidative deterioration of the oils during storage was followed by measuring at regular intervals changes in peroxide (Cd 8-53) and *p*-anisidine (Cd 18-90) levels according to the official methods of the American Oil Chemists' Society. The values of absorptivity at 232 and 270 nm as well as the UV spectrum (220-320 nm) were recorded by spectrophotometry (Shimadzu UV-260 visible recording spectrophotometer; Kyoto, Japan) following the analytical methods described by IUPAC (1979), method II.D.23. The contents of conjugated diene and trienes were expressed as absorptivities of the 1% seed oils in 2,2,4-trimethylpentane.

Experiments were always performed on freshly made up solutions, wherein all tests were conducted in triplicate and averaged. No statistically significant difference ($P > 0.05$) was found among the experiments.

3 Results and Discussion

Black cumin (*Nigella sativa* L.), coriander (*Coriandrum sativum* L.) and niger (*Guizotia abyssinica* Cass.) seed oils are a promising seed oils and are also becoming increasingly popular in many parts of the world. Many edible, medicinal and industrial uses have been attributed to these oilseeds and/or their crude or volatile oils (Table 1, P. 68). Black cumin, coriander and niger crude seed oils were extracted with two different solvents [*n*-hexane and/or chloroform:methanol (2:1, v/v)] to study the effect of the solvent on the amount and composition of recovered oils. Generally, chloroform:methanol mixture extracted more lipid than *n*-hexane. Perhaps the former solvent, which is more polar and more acidic than the later, dislodged and dissolved oil that is tightly bound to non lipid constituents, e.g., lipid associated inside intracellular, protein-rich aleurone. It was also reported that lipid extraction using a nonpolar solvent such as hexane yields the free lipids and only a part of the polar lipids (Van der Meern *et al.* 1996; Firestone and Mossoba, 1997). A combination of chromatographic techniques (CC, TLC, GLC and HPLC) were performed to study fatty acids, lipid classes, TAG and fat-soluble bioactives in the mentioned crude seed oils.

3.1 Fatty acid composition of crude seed oils

According to the results shown in Table 2 (P. 69) the major fatty acids in black cumin seed oil were linoleic (C18:2*n*-6) and oleic (C18:1*n*-9) acids. This seed oil also contain appreciable amounts of saturated normal chain fatty acid, especially palmitic acid. The fatty acid composition of niger seed oil is characterized by linoleic, palmitic, oleic and stearic acids as the main fatty acids. Linoleic acid was the principal fatty acid (63.0 %) followed by oleic acid as the second main unsaturated fatty acid These four fatty acids (linoleic, oleic, palmitic and stearic) represented approx. 97% of the total fatty acids (Ramadan and Mörsel, 2002a, e). It is well known that dietary fats, rich in linoleic acid, prevent cardiovascular disorders such as coronary heart diseases, atherosclerosis and high blood pressure. Linoleic acid derivatives serve as structural components of the plasma membrane and as precursors of some metabolic regulatory compounds. Moreover, it was reported that the nutritional value of linoleic acid is due to its metabolism at tissue levels which produce the hormone-like prostglandins. The activity of these includes lowering of blood pressure and constriction of smooth muscle (Vles and Gottenbos, 1989).

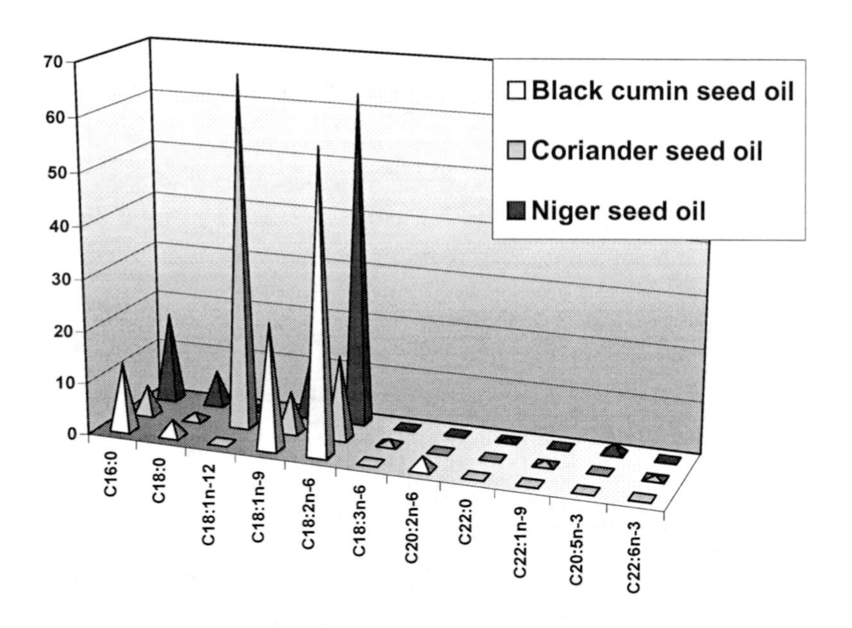

Fatty acid profile of crude seed oils (*n*-hexane extract)

Twelve fatty acids were identified in coriander crude seed oil, wherein petroselinic acid (C18:1*n*-12) was the fatty acid marker followed by linoleic acid. Petroselinic acid, which is relatively rare among octadecenoic acids because its unsaturation occurs in the 6,7- position, is of industrial importance. Since there is a difference in structure, petroselinic acid offers the opportunity to produce chemical derivatives different from those which can be produced from other oils. On the one hand, this octadecenoic acid is used as raw material for fine chemicals, on the other hand its cleavage products- adipic and lauric acid- obtained by oxidative ozonolysis are used for technical purpose. Adipic acid is used for the production of softeners and nylon. Lauric acid (C12:0) is utilized as raw material for softeners, emulsifiers, detergents and soaps (Ramadan and Mörsel, 2002c).

3.2 Lipid classes and subclasses of crude seed oils

The importance of determination of lipid fractions and their fatty acid composition is reflected in the utilization of each fraction in the industry. The classic procedure used to separate lipid mixture uses solvents of increasing polarity with column of silicic acid. As expected in seed oils, neutral lipids (NL) were the major oil fraction followed by glycolipids (GL) and phospholipids (PL), respectively. The ratio of saturated to polyunsaturated fatty acids (S/P) in the seed oil fractions (hexane extract) is summarized in Table 4 (P. 71). The fractions had rather similar S/P pattern wherein the ratio increased with the increase of the polarity of oil fraction. It is also worthy to mention that S/P ratio recorded the highest level in the polar fractions (GL and PL) of coriander seed oil. The differences in fatty acid composition between neutral and polar lipids are of interest because the fatty acid pattern of the neutral fraction will predominate in a refined, bleached and deodorized oil, whereas that of the polar fraction may be of interest if this fraction is recovered in a refining process.

3.2.1 Neutral lipid (NL) composition

Solid-phase extraction of lipid classes from seed oils on a column with chloroform followed by preparative TLC on Silica gel led to fractionation of NL subclasses. In all seed oils under study, TAG were the predominant class. On the other hand, mono-, diacylglycerols and free fatty acids were found in lower levels in the crude oils. It was noted also in black cumin seed oil that NL profile is characterized by exceptionally high levels of free fatty acids. This data agree with Üstun *et al.* (1990) who found that free fatty acids comprised about 20% of the seed oil due to the strong enzymatic hydrolysis during harvesting, handling and processing to the oil. This fact may render the oil more easily hydrolzed, with less chemicals required than used in ordinary hydrolysis procedures in the manufacture of fatty acids for surface coatings and other industrial applications.

3.2.1.1 Triacylglycerol (TAG) composition

Triacylglycerols are the main components of vegetable oils and the physicochemical properties of a particular oil are estimated mainly by the abundance of different TAG molecular species (Fernández-Moya *et al.* 2000). The increasing efficient separation of individual TAG present in fats and oils is gradually increasing the understanding of their structural composition. The availability of such data would facilitate the understanding of TAG biosynthesis and deposition on plant cells. With high temperature GLC/FID and H_2 carrier gas, the actual TAG classes of seed oils were separated and identified.

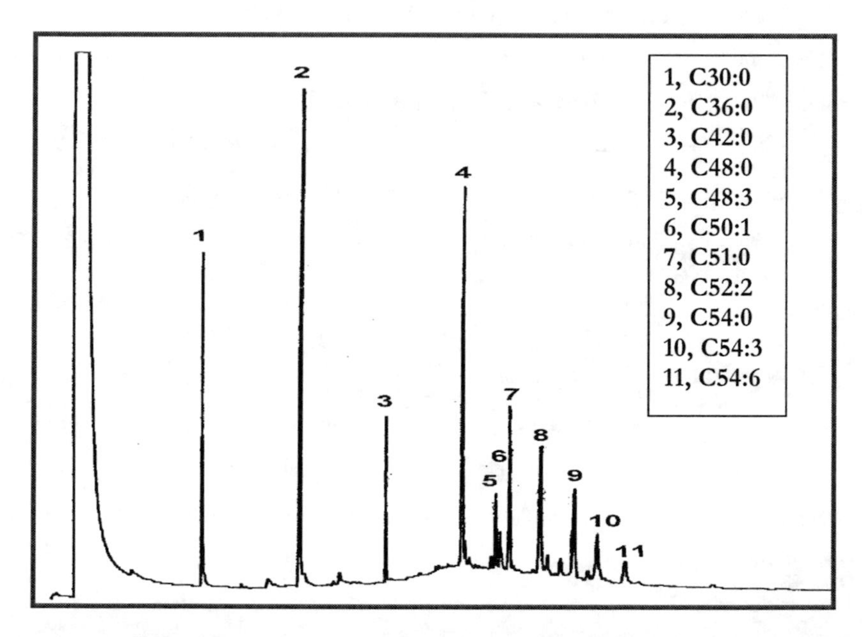

HTGLC/FID separation of TAG standard. Numbers were assigned to each TAG molecular species
(*Ref. Ramadan and Mörsel 2002c*)

The pattern of TAG elution sequence with each TAG category with the same carbon number starts with the TAG with the lowest number of double bonds and terminates with those with the highest number of double bonds. In black cumin seed oil, almost all TAG contain two or three unsaturated acyl groups and a high proportion of them contain two or three polyethanoid acyl groups. According to our results, this oil contains six TAG species and two of them, C54:3 and C54:6, were present to the extent of 74% or above (Ramadan and Mörsel, 2002a). In niger seed oil, the major peaks occurred at C54:6, and C54:3 corresponding to trilinolein, and triolein. Unidentified peak was detected in high level and this peak was expected to be dilinoleoyl oleoyl glycerol (C54:5). GLC/FID of the 0 double bond fraction indicated that its composition resemble that of the TL except that C48:0 peak was reduced in size. This would, of course, have been expected if the oleic, and linoleic acids were presented as dipalmitoyl oleoyl glycerol (C50:1) or dioleoyl palmitoyl glycerol, and/or palmitoyl stearoyl linoleoyl glycerol (C52:2) (Ramadan and Mörsel, 2002e). Six TAG species were detected in coriander seed oil, but one component (C54:3) corresponding to tripetroselinin or dipetroselinoyl oleoyl glycerol comprised more than 50% of the total TAG content. Almost the entire TAG profile containing only mono and polyethanoid acids, petroselinic, oleic and/or linoleic acid. From this analysis, it was concluded that in coriander seed oil over the three quarters of the probable dominant TAG present are tripetroselinin or dipetroselinoyl oleoyl glycerol (C54:3), dipetroselinoyl (or dioleoyl) linoleoyl glycerol (C54:4) and dilinoleoyl petroselinoyl (or oleoyl) glycerol (C54:5). Studies in vitro (Weber *et al.*, 1995) have revealed that TAG containing petroselinoyl moieties are hydrolyzed by pancreatic lipase at much lower rates than other TAG. In addition, ingestion of coriander seed oil led to incorporation of (C18:1*n*-12) into heart, liver as well as blood lipids and to a significant reduction in the concentration of arachidonic acid in the lipids of heart, liver and blood with a concomitant increase in the concentration of linoleic acid (Ramadan and Mörsel, 2002c).

3.2.1.2 Phytosterol (ST) composition

Phytosterols comprise the bulk of the unsaponifiable matter in many vegetable oils. They are of interest due to their antioxidant activity and health effects. The analysis of the ST provides rich information about the quality and the identity of the oil investigated. In vegetable oils, neither cultivation of new breeding lines nor environmental factors have been found to alter content and composition of free sterols significantly, in contrast to the fatty acid composition, which has been changed dramatically by breeding (Hirsinger, 1989; Homberg, 1991). Recently, an example of a successful functional food is the incorporation of phytosterols into vegetable oil spreads (Ntanios, 2001). This type of products is now available in the market and has been scientifically proven to lower blood LDL-cholesterol by around 10-15% as part of a healthy diet (Weststrate and Meijer, 1998; Jones *et al.*, 2000).

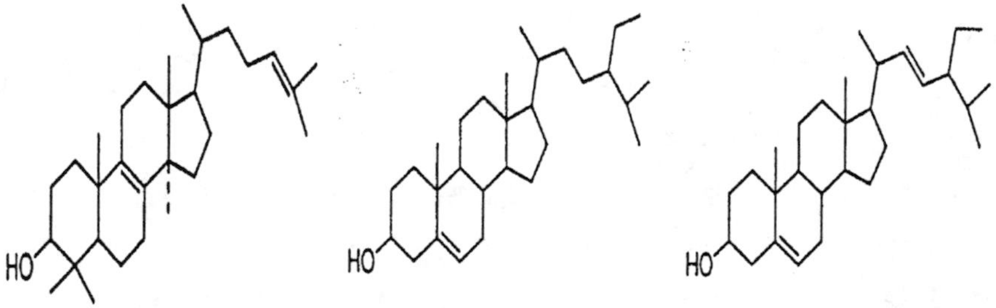

Lanosterol **Sitosterol** **Stigmasterol**

Examples of naturally occurring phytosterols

High levels of ST were estimated in the crude seed oils under study (Ramadan and Mörsel, 2002a, c, e). The common sterols, β-sitosterol, campesterol and stigmasterol were among the major components (Table 3, P. 70). In black cumin seed oil, β-sitosterol represented the main component of the phytosterols followed by Δ5-avenasterol and Δ7-avenasterol. Stigmasterol, campesterol and lanosterol were detected in small amounts. In niger seed oil, the ST marker was also *β*-sitosterol. Campesterol and stigmasterol were detected at approximately equal amounts (*ca.* 16% of total ST).

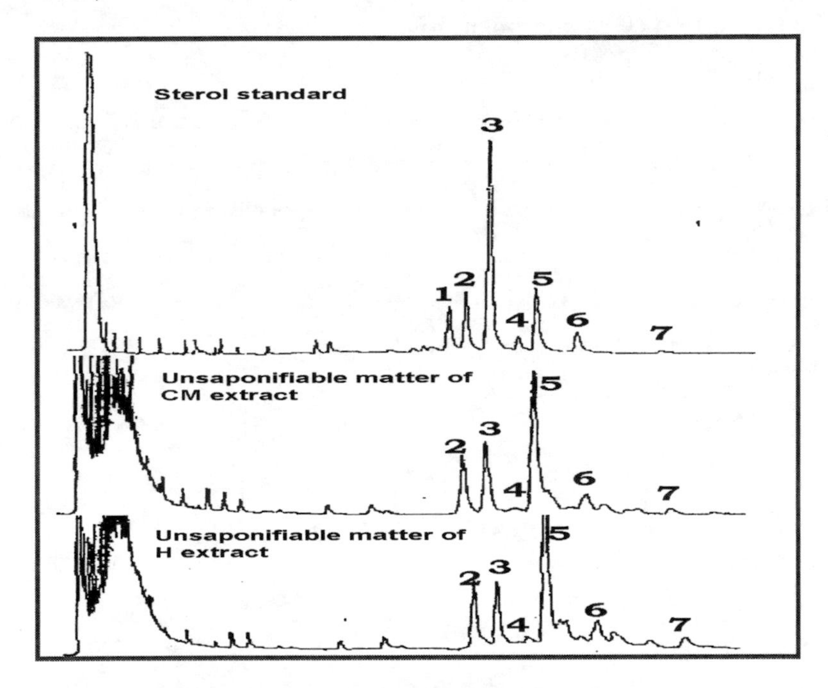

HTGLC/FID separation of intact sterols from niger seed oil by direct injection of unsaponifiable residues into the GLC system without derivatization. Abbreviations: 1, ergosterol; 2, campesterol; 3, stigmasterol; 4, lanosterol; 5, β-sitosterol; 6, Δ5- avenasterol; 7, Δ7- avenasterol.
(*Ref. Ramadan and Mörsel 2002e*)

Comparing to niger seed oil, there are numerous published data on ST profile in some other oils of the compositae family, e.g., sunflower and safflower. These oils had higher *β*-sitosterol content at a range of 50-75% of total ST (Dutta *et al.* 1994). On the other hand, the most predominant components detected in coriander seed oil were *β*-sitosterol and stigmasterol, comprising together about

60% of the total ST content. Among the different phytosterols, sitosterol had been most intensively investigated with respect to its beneficial and physiological effects on health (Yang *et al.*, 2001).

3.2.2 Glycolipid (GL) composition

Phytoglycolipids are thought to be nutrients in the human diet, but little is known about them in intestinal digestion and absorption in mammals (Andersson *et al.*, 1995). Information on GL in crude seed oils is important in processing and utilizing the oil by-products. Plant GL comprise compounds, which can be divided into distinct groups with regard to their hydrophobic aglyca. In terms of quantitative abundance, glycosyl diacylglycerols usually rank first followed by glycosylated cereamides and sterols (Heinz, 1996).

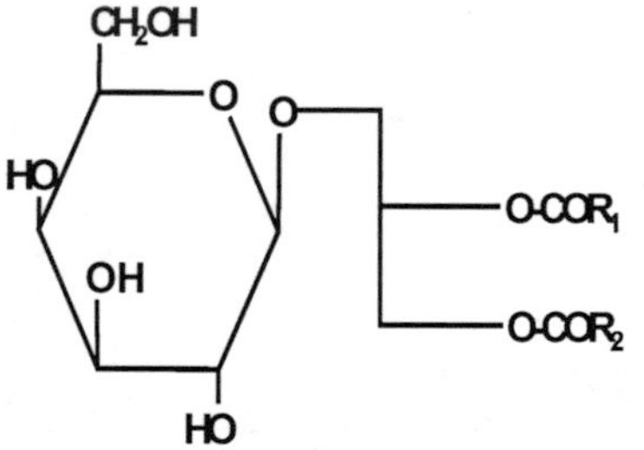

Monogalactosyldiacylglycerol (MGDG)

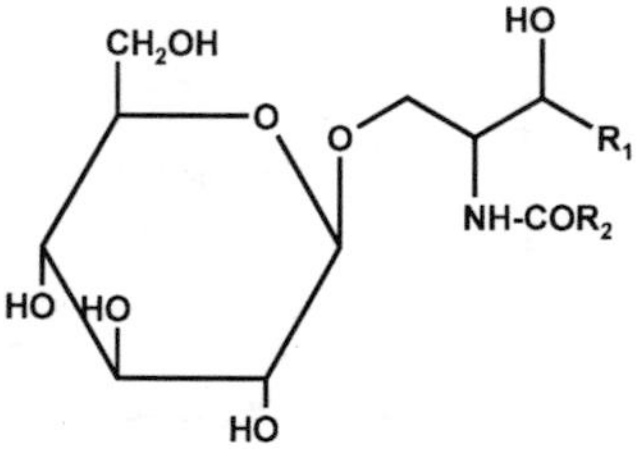

Cerebroside (CER)

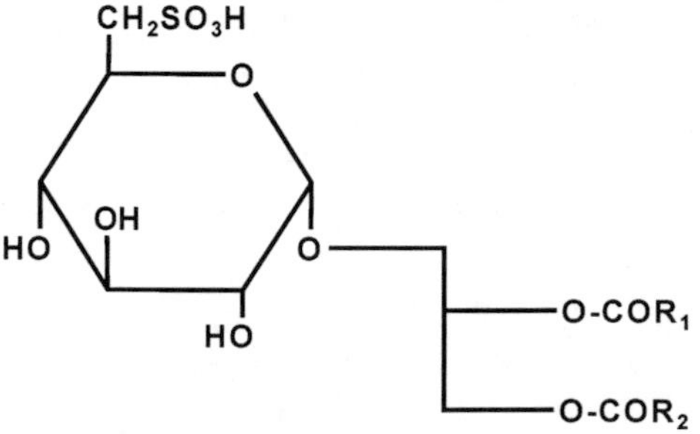

Sulfoquinovosyldiacylglycerol (SQD)

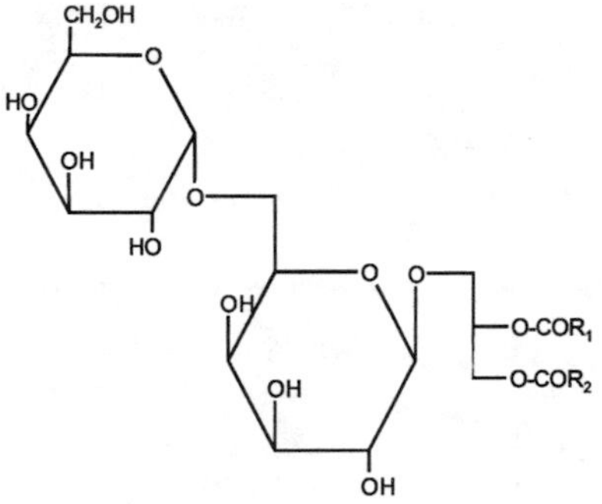

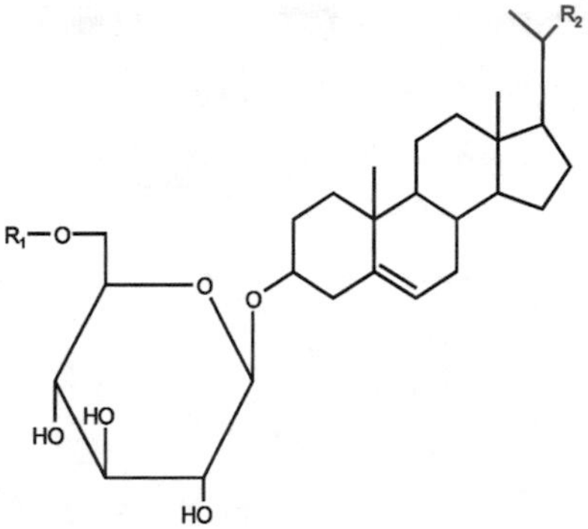

Digalactosyldiacylglycerol (DGDG)

R_1= H, Steryl glucoside (SG)
R_1= acyl, Acylated steryl glucoside (ASG)

Representative structures of glycolipid components dealt with in the present study.

A relatively high levels of GL were found in all studied seed oils. Six GL subclasses were detected in black cumin seed oil, wherein DGD was the prevalent component and made up more than a half of the total GL followed by CER as the second major subclass. ASG, MGD and SG were estimated in relatively equal amounts and comprised together about 30% of total GL content. Moreover, sulfolipids (*ca.* 5% of total GL) were only detected in black cumin seed oil (Ramadan and Mörsel, 2003b). The average daily intake of GL in human has been reported to be 140 mg of ASG, 65 mg of SG, 50 mg of CER, 90 mg of MGD and 220 mg of DGD (Sugawara and Miyazawa, 1999). Thus, it is worthy to point out that black cumin seed oil could be an excellent and a complete source of GL in diet. The GL subclasses from both coriander and niger seed oils had a very similar chromatographic patterns and distribution. Among the total GL, ASG, SG and CER were the only detected components, where each fraction was comprised about one-third of TGL in both seed oils. GL and their individual subclasses in all studied seed oils contained more saturated and less unsaturated fatty acids than the corresponding TAG. The ratio of saturated to unsaturated fatty acids (S/U%) was *ca.* 25.7%, 15.6% and 48.3% in black cumin, coriander and niger seed oils, respectively.

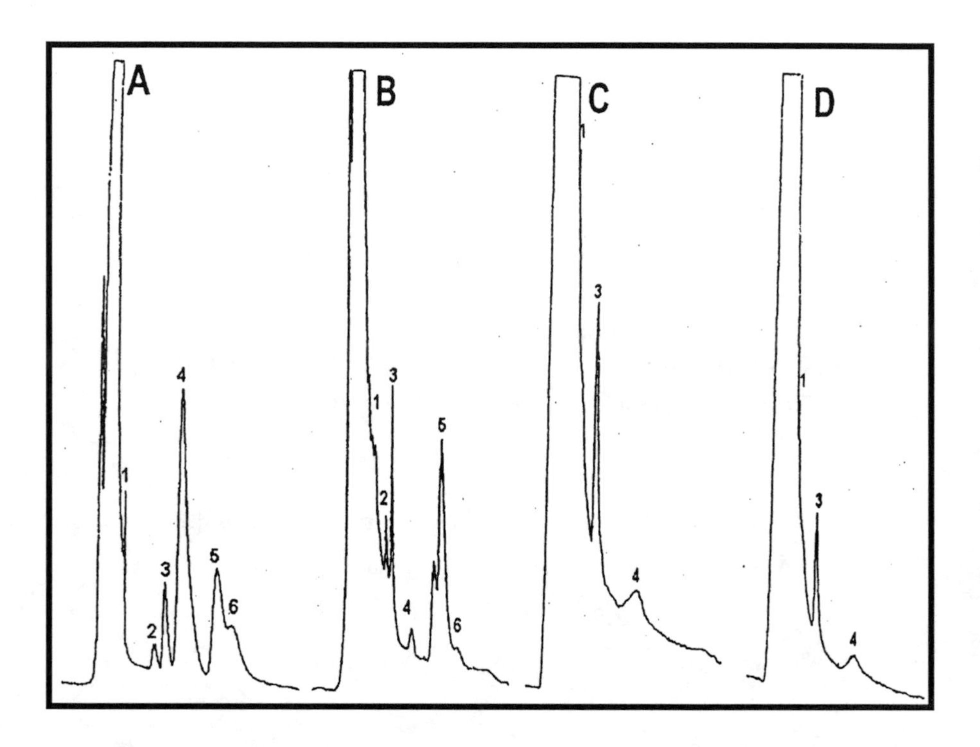

NP-HPLC/UV (206 nm) chromatogram obtained from the glycolipids (GL) standard mixture (A) as well as the GL subclasses of black cumin (B), coriander (C) and niger (D) oilseeds. A mixture of 2 µg each of standard GL was injected. Peaks: 1, ASG (R_t = 8 min); 2, MGD (R_t = 12 min); 3, SG (R_t = 13 min); 4, CER (R_t = 15 min); 5, DGD (R_t = 19 min); 6, tentatively identified as SQD (R_t = 21 min).
(Ref. Ramadan and Mörsel 2003b)

Moreover, four ST moieties were detected in black cumin and coriander SG and ASG fractions, while the fractions from niger oilseeds showed only three distinct ST peaks. Δ7-Avenasterol represented the dominant ST of the total ST pool in black cumin subclasses followed by β-sitosterol. In corianders' SG and ASG fractions, campesterol was the major ST component followed by stigmasterol, while β-sitosterol and Δ5-Avenasterol were detected in lower levels. In order of decreasing prevalence, β-sitosterol> campesterol> stigmasterol were the major ST found in nigers' SG and ASG fractions. As the component sugars, glucose was the only sugar detected in all analyzed GL samples. Therefore, it has been suggested that in some mature oilseeds more or even all galactosyl residues are replaced by glucosyl groups.

3.2.3 Phospholipid (PL) composition

Phospholipids exhibit well-documented nutritional and/or therapeutic benefits. They are widely distributed in foods and pro- as well as antioxidant effects are attributed to them (Rathjen and Steinhart, 1997). They have the potential as a multifunctional additive for food as well as pharmaceutical and industrial applications (Endre and Szuhaj, 1996). Phospholipids combine nutritional and technological properties in a single substance class. This dual and synergistic function makes them ideal candidates for use in functional food. On the one hand, they act as emulsifiers, surfactants or liposome forming substances. On the other hand, they exhibit a wide range of nutritional and even preventive in not therapeutic activities. They have cholesterol reducing, liver protecting effects as well as brain improving functions. Although they have a very positive image, their use in functional food is still limited. But considering the solid basis of clinical data, there is no doubt that PL will become standard ingredients for this rapidly expanding category of food (Schneider, 2001). The development of new or better sources of PL are potentially important research areas laying ahead (Cherry and Kramer, 1989). PL do not have a specific absorbance, but may be detected by monitoring the absorbance of double bonds in their fatty acid moieties. The absorption by other functional groups, such as ester carbonyl and amino, also occurs, but it is small in extent.

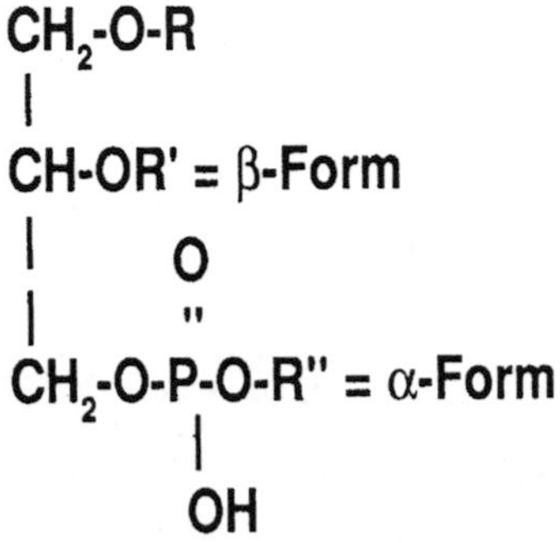

$$
\begin{array}{l}
CH_2\text{-O-R} \\
| \\
CH\text{-OR}' = \beta\text{-Form} \\
|\qquad O \\
|\qquad \| \\
CH_2\text{-O-P-O-R}'' = \alpha\text{-Form} \\
\qquad\quad | \\
\qquad\quad OH
\end{array}
$$

$R'' = CH_2\text{-}CH_2\text{-}N^+(CH_3)_3$	Phosphatidylcholine
$'' = CH_2\text{-}CH_2\text{-}NH_3^+$	Phosphatidylethanolamine
$'' = CH_2\text{-}CH(NH_3^+)\text{-}CO_2H$	Phosphatidylserine
$'' = C_6\,H_6\text{-}(OH)_6$	Phosphatidylinositol
$'' = H$	Phosphatidic acid

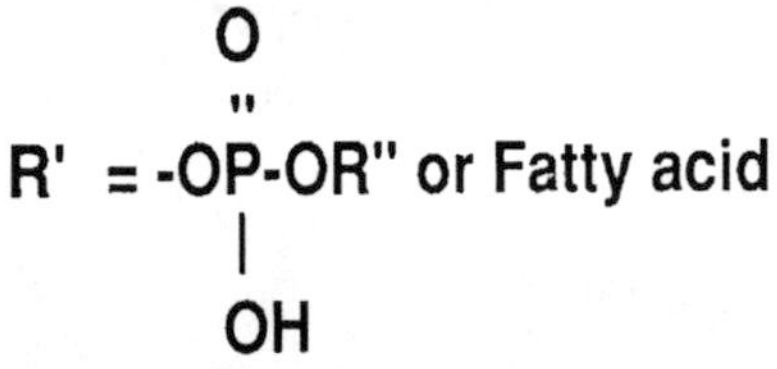

$$
\begin{array}{l}
\qquad O \\
\qquad \| \\
R' = \text{-OP-OR}'' \text{ or Fatty acid} \\
\qquad | \\
\qquad OH
\end{array}
$$

R = Fatty acid

Some phospholipids in plants

PL subclasses from the crude seed oil were separated into seven fractions *via* TLC and HPLC/UV. The fractions obtained from HPLC had the same retention time with authentic standards and identified as phosphatidylglycerol (PG), phosphatidylethanolamine (PE), lysophosphatidylethanolamine (LPE), phosphatidylinositol (PI), phosphatidylserine (PS), phosphatidylcholine (PC) and lysophosphatidylcholine (LPC), respectively.

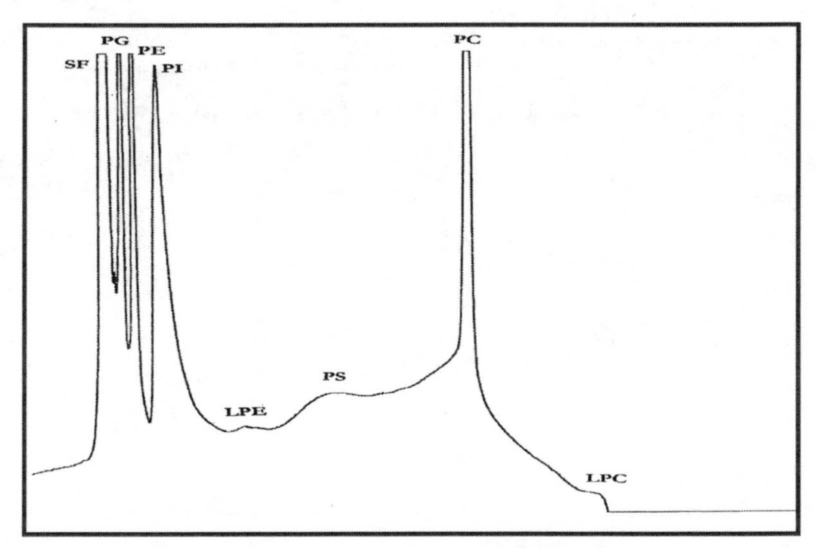

NP-HPLC separation of phospholipid reference mixture on a column of LiChrosorb Si-60, eluted with a gradient of 0.6 water into isooctane/isopropanol (6:8, v/v) at a flow rate 0.7 ml/min, and with UV detection at 205 nm. (*Ref. Ramadan and Mörsel 2003a*)

In general, phosphorimetry of the HPLC fractions revealed that the predominant PL subclasses were PC followed by PE, PI and/or PS, respectively. More than one-third of total PL was in PC and a quarter was in PE. In the contrary, phosphatidylglycerol (PG), lysophosphatidylethanolamine (LPE) and lysophosphatidylcholine (LPC) were isolated in smaller quantities or traces (Ramadan and Mörsel, 2002c, d; 2003a).

3.3 Fat-soluble vitamins (FSV) and *β*-carotene composition

HPLC technique was used to eliminate column contamination problems and allow the use of a general lipid extraction for FSV as well as *β*-carotene isolation. Saponification of seed oil samples was not required, which allowed shorter analysis time and greater vitamin stability during analysis (Ramadan and Mörsel, 2002b).

3.3.1 Vitamin E (Tocopherols)

Analysis of tocopherols with the present method resulted in a simultaneous complete separation of the different isomers. On Zorbax-Sil silica based column, the tocopherols are separated according to polarity. Consequently, a reversed elution order is observed: α-, β-, γ- and δ-tocopherol.

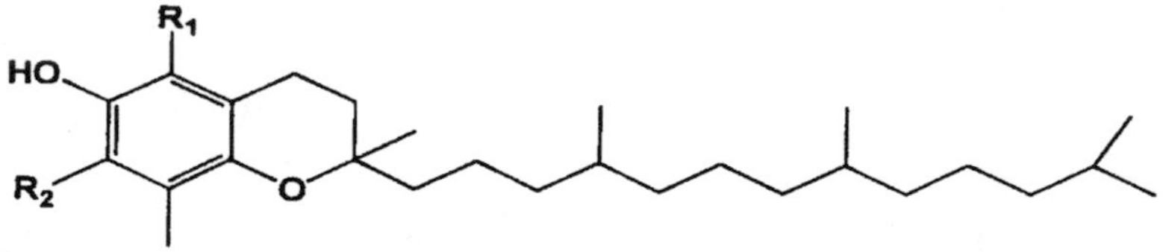

Tocopherol	**R_1**	**R_2**
alpha	**CH_3**	**CH_3**
beta	**CH_3**	**H**
gamma	**H**	**CH_3**
delta	**H**	**H**

Structure of some vitamin E compounds

All tocopherol isomers were identified in seed oil samples (Table 3, P. 70). Although, there are certain differences in the levels of the separated individual tocopherols. α- and γ-tocopherols seem to be the major components in black cumin and niger seed oil, whereas *β*- and δ-tocopherol the main constituents in coriander seed oil. α-Tocopherol was comprised *ca.* 48% and 44% of total tocopherol content in black cumin and niger seed oil, respectively. On the other hand, *β*-tocopherol was constituted *ca.* 53% of total tocopherol content in coriander seed oil followed by δ-tocopherol. The effectiveness of tocopherols as lipid antioxidants has been attributed mainly to their ability to break chain reactions by reacting with fatty acid peroxy radicals. α-Tocopherol is the most efficient antioxidant of these compounds. β-Tocopherol has 25-50% of the antioxidative activity of α-tocopherol, γ-tocopherol 10-35% (Kallio *et al.*, 2002). Despite general agreement that α-tocopherol is the most efficient antioxidant and vitamin E homologue in *vivo*, however, studies indicate a considerable discrepancy in its absolut and relative antioxidant effectiveness in *vitro*, especially when compared to γ-tocopherol (Kamal-Eldin and Appelqvist, 1996).

3.3.2 Vitamin K_1 (phylloquinone)

The phylloquinone requirements of the adult human is extremely low (Suttie, 1985). However, relatively few values for dietary items are available. Seed oils under investigation were characterized by high level of phylloquinone (Ramadan and Mörsel, 2002b) especially niger seed oil which contain more than 0.2% of total oil vitamin K_1. The addition of phylloquinone-rich oils in the processing and cooking of foods that are otherwise poor sources of vitamin K makes them potentially important dietary sources of the vitamin.

Vitamin K_1 (2-methyl-3-phytyl-1,4-naphthoquinone)

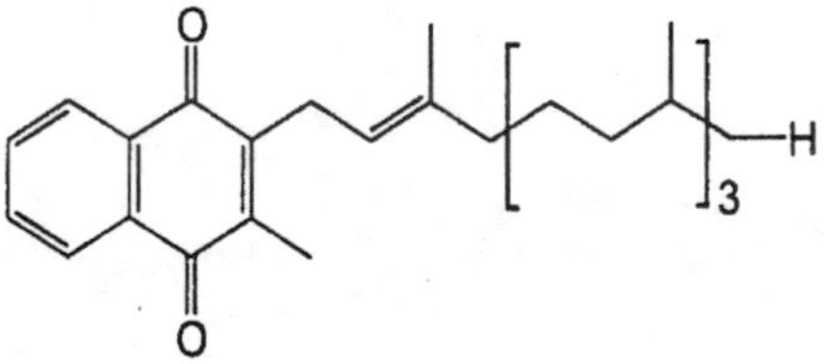

O
H
3
O

3.3.3 *β*-Carotene (pro-vitamin A)

The most common and most effecrtive pro-vitamin A is *β*-carotene. None of the other pro-vitamin A carotenoids has more than half the activity of *β*-carotene and they are less widespread in nature so that vitamin A from carotenoids is provided overwhelmingly by *β*-carotene (George, 1985).

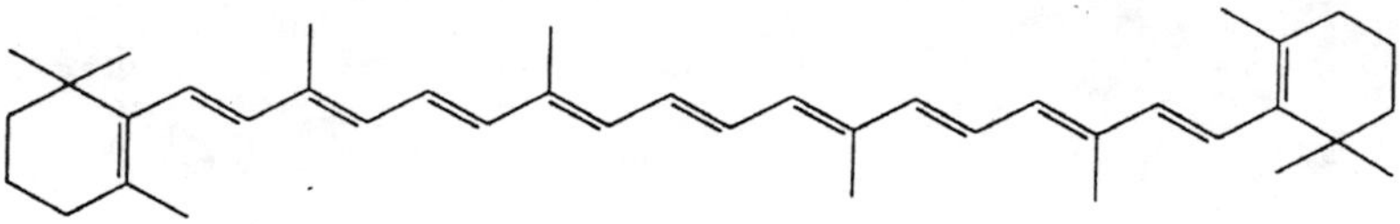

β-ionone ring β-ionone ring

β-carotene

Good amounts of β-carotene (Table 3, P. 70) were detected in the studied oils. β-Carotene was measured in the highest level in coriander seed oil followed by niger and black cumin seed oils, respectively.

3.4 Radical scavenging activity (RSA) of crude seed oils and their fractions

Natural antioxidants allow food processors to produce stable products with clean labels and tout all-natural ingredients. The tests expressing antioxidant potency can be categorized into two groups: assays for radical scavenging ability and assays that test the ability to inhibit lipid oxidation under accelerated conditions (Schwarz *et al.*, 2000). Pervious study on radical scavenging properties of commercial refined seed oils had used different solvents to dissolve the oil fractions and the free radicals (Espin *et al.*, 2000). Hence, the results were difficult to compare because the reactions were occurred under different conditions. In contrast, our experiment has been performed using the same solvent (toluene) to dissolve the oil samples and the free radicals. This allowed us to characterize and compare the RSA of all samples under the same conditions.

3.4.1 Radical scavenging activity (RSA) of crude seed oils

Crude vegetable oils are usually oxidatively more stable than the processed counterparts. Apart from their oxidative stability depends on the fatty acid composition, the presence of minor fat-soluble bioactives and the initial amount of hydroperoxides. Antiradical properties of the crude oils under study were compared using two different stable free radicals (DPPH and galvinoxyl). Both ESR and spectrophotometric assays showed similar trends in the quenching of free radicals (Ramadan *et al.*, 2003c). Figures 1 and 2 (P. 72, 73) show that coriander seed oil has the highest RSA followed by black cumin and niger seed oils, respectively. After 1 h incubation, thirty-five percent of DPPH radicals was quenched by coriander seed oil, while black cumin and niger seed oils were able to quench 25.1 and 14.0%, respectively. ESR measurements showed also the same pattern, when coriander, black cumin and niger crude seed oils quenched 32.4, 23.3 and 12.8% of galvinoxyl radical, respectively. Niger seed oil contains a significant amount of polyunsaturated fatty acids (PUFA) and black cumin seed oil is characterized by a relatively high content of the monounsaturated oleic acid (Table

2, P. 69). The ratio of monosaturated to polyunsaturated fatty acids were 4.10, 0.40 and 0.17 for coriander, black cumin and niger seed oils, respectively. Generally, it is accepted that the higher the degree of unsaturation of an oil, the more susceptible it is to oxidative deterioration. Moreover, it was reported that oleic acid oxidizes at a rate fifty times slower than linoleic acid (Wanasundara and Shahidi, 1994). Thus, the lowest RSA of niger seed oil could be partly explained by the fact that niger seed oil has the highest level of PUFA. Since hydoperoxides are the primary products of lipid oxidation, peroxide value (PV) provides a clear indication of the oxidative state of vegetable oils. On the basis of PV, the oxidative stability of several oils varied significantly, with the oil having the lowest initial PV being the most stable. Results of our investigation are in agreement with this phenomenon, wherein levels of primary oxidative products in crude oils correlated well with their RSA.

Among the substances with antioxidant properties, coriander seed oil contains as much as 21.8 g/kg unsaponifiables followed by black cumin seed oil (14.9 g/kg), whereas niger seed oil comprised the lowest amount (10.1 g/kg). Amounts of unsaponifiable matter in crude oils correlate with their RSA. Surprisingly, no correlation was noted between RSA and the levels of tocopherols in oils. Although tocopherols, traditional antioxidants in oils, have been highly effective as active free-radical destroyers, such effectiveness has been known to be greatly influenced by the type and concentration of the fat (Satue *et al.*, 1995). The vitamin E scavenging effect is probably overwhelmed by the amount of radicals formed from PUFA, which is reflected in the highest initial PV of niger seed oil. α-Tocopherol was not as good an antioxidant for the prevention of hydroperoxide formation as the other phenolic compounds. In addition, α-tocopherol at high concentrations showed a prooxidant effect, a fact already reported by other investigators in bulk oil and in free fatty acid systems (Jung and Min, 1992; Cillard and Cillard, 1980). On the other side, phytosterols accounted for 5.97, 4.22 and 3.66 g/kg coriander, niger and black cumin seed oils, respectively. Proportional correlation was found between sterol levels in seed oils and their RSA. Sterols have been documented to have antioxidant activity by interaction with oil surfaces and inhibit oxidation. Moreover, they may oxidized at oil surfaces and inhibit propagation by acting as hydrogen donors (Reische *et al.*, 2002).

Another finding to be noted, is the polar lipid profile of seed oils. Crude seed oils were reported to be constantly more stable than processed oils due to the presence of phosphorus containing compounds (Pekkarinen *et al.*, 1998). A positive correlation was found between the RSA of seed oils and the total PL content. Polar lipids were found in their highest level (Table 4, P. 71) in the hexane extract of coriander seed followed by black cumin and niger seeds, respectively. The amine group of phosphatidylethanolamine and phosphatidylserine can apparently all facilitate electron donation to tocopherols. Hence, PL could extend the effectiveness of tocopherols by delaying the irreversible oxidation of tocopherols to tocopheryl quinone, thereby delaying the oxidation (Hudson and Lewis, 1983). The higher RSA of coriander and black cumin seed oils can be also attributed to their high amounts of polar lipids which could act synergistically toward tocopherols, enhancing their activity. Therefore, the level of polar lipids, unsaponifiables and the initial PV might be the major factors affecting the RSA of crude oils. Phenols make up a part of the "polar fraction" of vegetable oils. Total phenolics level of black cumin seed oil was five–fold higher than that of niger seed oil and two-fold higher than that of coriander seed oil (Table 3, P. 70). Antiradical action of black cumin seed oil, which comprised the highest level of phenols, was considerably higher than that of the niger seed oil. However, the RSA of the different seed oils do not correlate directly with the amounts of phenolics. It was mentioned that oil stability is correlated not only with the total amount of phenolics, but also with the presence of selected phenols (Tovar *et al.*, 2001). To assist in characterizing phenolic compounds, absorption ranges were scanned between 200 and 400 nm. The UV spectra of methanolic solutions of coriander phenolics exhibited two absorption maxima (282 nm and 320 nm), whereas those of black cumin and niger seeds displayed one maximum at (280 nm). The absorption maximum at the longer wavelength (320 nm) may be due to the presence of phenolic acids, while the absorption maximum at the shorter wavelength (280 nm) may be due to the presence of *p*-hydroxybenzoic acid and flavone/flavonol derivatives (Wanasundara and Shahidi, 1994). Lastly, it could be said that the RSA of crude seed oils can be interpreted as the combined action of different endogenous antioxidants. However, when polar fractions, which contain mainly polar lipids and in low level phenolics, are found in high levels, strong RSA of these components can be expected as well as synergistic activity with primary antioxidants. The significantly stronger RSA of coriander seed oil compared to black cumin and niger oils may be due to (i) the differences in content and composition of polar lipids and unsaponifiables (ii) the diversity in structural characteristics of potential phenolic antioxidants present in crude oils fractions, (iii) a synergism of polar lipids with other components present in each fraction and (iv) different kinetic behaviors of potential antioxidants. All these factors may contribute to the radical quenching efficiency of crude seed oils (Ramadan *et al.*, 2003c).

3.4.2 Radical scavenging activity (RSA) of seed oil fractions

Neutral lipids are the major oil fraction in seed oils followed by GL and PL, respectively. The ratio of saturated to polyunsaturated fatty acids (S/P) in the seed oil fractions is summarized in Table 4 (P. 71). The fractions had rather similar S/P pattern wherein the ratio increased with the increase of the polarity of oil fraction. It is also worthy to mention that S/P ratio recorded the highest level in the polar fractions (GL and PL) of coriander seed oil. The oil fractions acquired using different solvents showed increased RSA when the polarity of solvent applied increased. Among the three oils, PL fractions exhibited the lowest yield and the highest RSA. Both radical scavenging assays exhibited same results (Figure 2, P. 73), wherein PL possess the highest RSA followed by GL and NL, respectively. Inhibition of DPPH radical was 28.6%, 26.5% and 16.2% when PL, GL and NL fractions from black cumin seed oils were assayed. The results cleared again that the RSA of NL seem to be affected by the level of PUFA and the initial PV. In general, in all oil fractions niger had a much weaker RSA compared to black cumin and coriander.

Polar lipids, occur normally at low levels in freshly extracted edible oils and their partial removal by degumming is usually regarded as an essential first step in refining. Numerous studies have been focused on the antioxidant properties of PL (King *et al.*, 1992; Boyd, 2001). The radical quenching property of GL is so far not reported in the published literature. Hence, it may have for the first time definitively established the antioxidant properties of GL in crude seed oils. It may be expected that the reducing sugars in all GL subfractions and the sterol moiety in steryl glucoside enhance the RSA of GL (Ramadan *et al.*, 2003c). Moreover, less polar phenolic compounds that have been extracted with GL may be responsible for their strong antiradical action. In comparison, Figure 2 (D) shows the effect of PL fractions on the stable radicals. It is clear that PL possess superior RSA compared with GL and NL fractions. Fatty acid composition of individual PL subfractions may play an important role in the RSA of PL. It was observed that the RSA of PL was highly correlated with the degree of fatty acid saturation, wherein the higher the S/P ratio the stronger the RSA (Table 4, P. 71). Recently, Boyd (2001) reported that the ability of PL to stabilize lipids is affected by the chain length and degree of saturation of the fatty acids on the PL. Those, PL with longer chain length and PL containing more saturated fatty acid are the most effective antioxidants. It is likely that antioxidant activity differs among the various PL as a result of the wide variance in functional groups, structures and fatty acid composition. Though the exact mechanism of action of PL is still not fully established, four postulates have been proposed to explain their antioxidant activity: i) synergism between PL and tocopherols; ii) chelation of pro-oxidant metals by phosphate groups; iii) formation of Maillard-type products between PL and oxidation products and iv) action as an oxygen barrier between oil/air interfaces.

3.4.3 Influence of extraction conditions on the color intensity of seed oils and their fractions

Maillard reaction products (MRP) are an excellent example of natural process-induced oxidation inhibitors that arise as a results of thermal treatment (Eriksson, 1982). They are produced from the reaction of amines and reducing sugars. Lipids, vitamins and other food constituents containing amino groups also participate in Maillard reactions. Fluorescence in lipophosphatidic materials have been found directly proportional to the amount of brown color formed by heating. It was suggested that the brown color and fluorescence are similar to those found in egg lipids and they probably result from amine carbonyl reactions between phosphatidylethanolamine and carbonyl groups in sugars or oxidized fatty acids. The brownish yellow color was considered evidence for Maillard-type browning reactions or a polymer retaining the structure of the original lecithin, wherein the carbonyl groups of oxidized fatty acids condensed in an aldol reaction catalyzed by the phosphorylcholine group of phosphatidylcholine (Scholfield, 1989). MRP have been shown to have antioxidant activity in model systems as well as in some fat-containing foods (Reische *et al.*, 2002). Because of the conflicting views present in the literature, it is difficult to state conclusively which of the numerous MRP are actually responsible for antioxidant activity. It is even more difficult to attempt to describe the mechanism of action of these suspected antioxidants. Theories on the mechanism of antioxidant activity of MRP conflict as well.

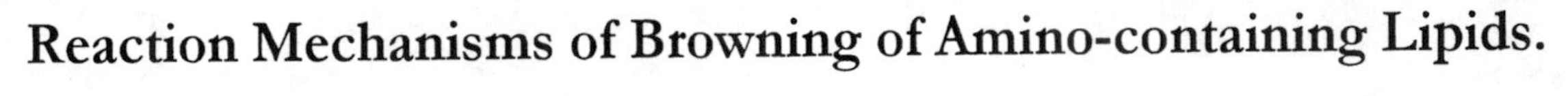
Reaction Mechanisms of Browning of Amino-containing Lipids.

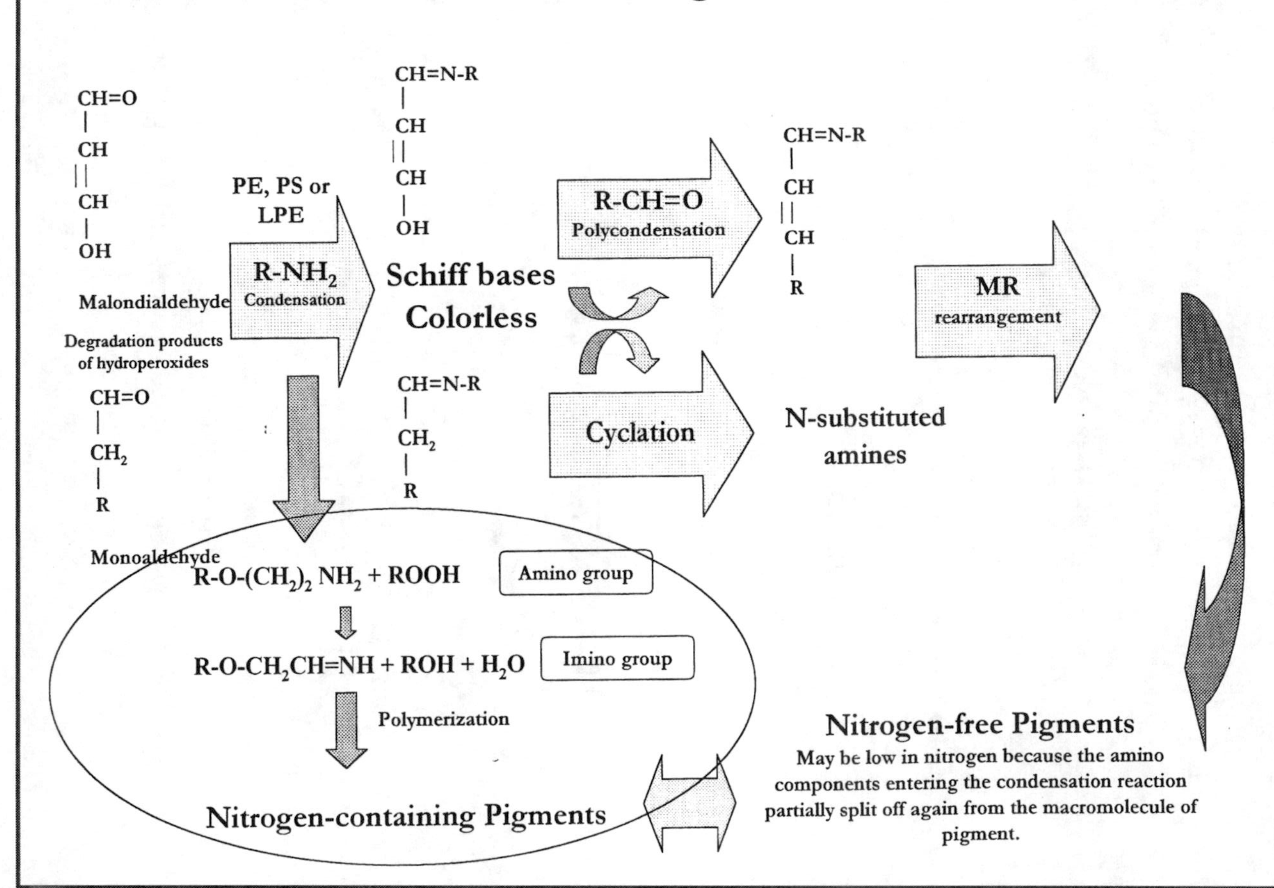
CH=O
CH
CH
OH
Malondialdehyde
Degradation products of hydroperoxides
CH=O
CH2
R
Monoaldehyde
PE, PS or LPE
R-NH2
Condensation
CH=N-R
CH
CH
OH
Schiff bases
Colorless
CH=N-R
CH2
R
R-CH=O
Polycondensation
CH=N-R
CH
CH
R
Cyclation
N-substituted amines
MR
rearrangement
R-O-(CH2)2 NH2 + ROOH
Amino group
R-O-CH2CH=NH + ROH + H2O
Imino group
Polymerization
Nitrogen-containing Pigments
Nitrogen-free Pigments
May be low in nitrogen because the amino components entering the condensation reaction partially split off again from the macromolecule of pigment.

Since King *et al.* (1992) have reported on the relationship between the antioxidant properties of PL and the formation of MRP, this study investigated the relationship between color intensity of crude seed oils and their RSA. Although the formation of Melano-PL in a hexane miscella of soybean was reported (Zuev *et al.*, 1970), no further studies have been performed in this field. It could be said that the temperature (70 °C) and extended incubation time (8 h) used throughout the solvent extraction may favor the formation of MRP. On the other hand, cold extraction (8 h at room temperature) did not demonstrate the presence of MRP. Under thermal conditions, furthermore, the formation of MRP was time dependence.

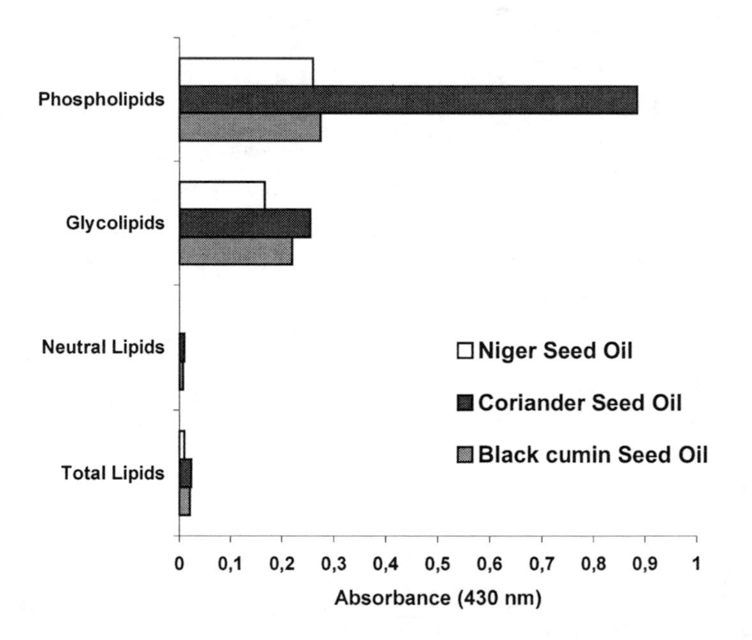

Effect of extraction conditions (70 °C for 8 h) on absorbance values of crude seed oils and their fractions measured at 430 nm.

The color intensity showed high positive correlation with RSA of seed oils, indicative of the formation of MRP during hot extraction. These colored compounds have been reported to form Melano-PL, which have the ability to inactivate hydroperoxides formed during oxidation (Husain *et al.*, 1984). Ultraviolet characterization at 430 nm of crude seed oils and their fractions demonstrate that the hot extraction induce high level of MRP in polar lipid fraction (Ramadan *et al.*, 2003c). It was clear that PL posses the highest level of MRP followed by GL, while in NL it was hardly to characterize any. Moreover, the increasing color intensity of seed oils appears to have been dependent on the polar lipid concentrations. These results indicate that increase in the formation of MRP were contributing to increased RSA. Since formation of MRP most likely depends on processing of crude vegetable oils and the total content of polar lipids, color intensity of crude seed oil may be used as a quality criterion.

3.5 Oxidative stability of crude and stripped seed oils

Crude seed oils were sequentially fractionated with chloroform to recover neutral lipids (stripped oil) which constituted mainly of triacylglycerols. The characterization of oxidative stability (OS) of black cumin, coriander and niger seed oils and their stripped counterparts was done for the first time. Oil stability is usually determined under accelerated oxidation conditions (60 °C or more) because ambient conditions demand an excessively long period. To evaluate the OS of both stripped and crude seed oils, PV, *p*-anisidine value (AV) and ultraviolet (UV) absorptivity were determined as indices of lipid oxidation.

3.5.1 Peroxide and *p*-anisidine values

Hydroperoxide is the primary product of lipid oxidation, therefore, the determination of PV can be used as an oxidative index for the early stage of lipid oxidation. On the basis of PV, the OS of oils varied significantly, with the oil having the lowest initial PV being the most stable. The OS tests clearly showed that, as the storage time increased, the OS of the seed oils decreased (Figure 3, P. 74). The crude oils had a much lower PV than that of stripped oils over the entire storage period. PV in crude oils remained increased at a low level over 21 days, whereas the peroxides accumulated in the stripped oils to a high levels. The peroxide values after 21 day were 29.5, 51.0 and 70.8 meq/kg of coriander, black cumin and niger crude oils, respectively. *p*-Anisidine value, which measures the unsaturated aldehydes (principally 2-alkenals and 2,4-dienals) in oils, was determined by reacting *p*-anisidine with the oil in isooctane and the resultant color was measured at 350 nm. During autoxidation at 60 °C in the dark (Figure 4, P. 75), the crude oils were more stable. Niger seed oil had the highest AV and was oxidized rapidly. Different patterns of oxidation were observed in both stripped and crude oils. With respect to coriander and black cumin crude oils, AV reached a plateau after 12 days and then decreased slightly throughout the rest of the storage period, whereas AV in the niger seed showed a gradual increase. After 21 days of oven test, values for black cumin and coriander crude and stripped oils were significantly lower than those for niger seed oils. The results demonstrated that coriander seed oil followed by black cumin seed oil had a potent OS higher than niger seed oil. Meanwhile, stripping of crude oils caused a significant increase in both peroxide and *p*-anisidine levels during incubation for 21 days at 60 °C (Ramadan and Mörsel, 2004).

3.5.2 Ultraviolet absorptivity

Formation of hydroperoxides is coincidental with conjugation of double bonds in polyunsaturated fatty acids, measured by absorptivity at the UV spectrum. Absorptivity at 232 nm and 270 nm, due to the formation of primary and secondary compounds of oxidation (Figures 5 and 6, P. 76, 77), showed a pattern similar to that of the PV. Absorptivity at 232 nm increased gradually with the increase in time, due to the formation of conjugated dienes. Formation of aldehydes and ketones (rancid off-flavor compounds) followed by an increase in absorptivity at 270 nm (Figure 6, P. 77). The variation of absorptivity at 270 nm, due to the formation of conjugated trienes as well as unsaturated ketones and aldehydes, presented a pattern similar to that of absorptivity at 232 nm. The OS of crude oils were better during the oven test and UV scans showed this phenomenon. UV spectrophotometric data revealed alterations in oil due to lipid oxidation. Figure 7 (P. 78) shows the changes in the absorption spectra between 220 and 320 nm of the crude samples. It can be seen that storage, did not significantly alter the spectrum, which was identical to that of the crude oils before treatment. The high content of conjugated oxidative products in niger oils can be attributed to its high linoleic acid content which is readily decomposed to form conjugated hydroperoxides. Coriander seed oil contained the lowest level of conjugated oxidative products and these results are in agreement with the peroxide and *p*-anisidine values.

The much higher OS of crude oils as compared to stripped oils seem to be due to the stripping process in which the polar lipids and phenols were almost completely removed from stripped oils. It was obvious that the relatively low level of oxidation products was not the only factor responsible for the noticeable improvement in the OS of crude oils. Therefore, it could be said that polar fractions present in crude oils were mainly responsible for their better stabilities (Ramadan and Mörsel, 2004).

4 Conclusion

Although black cumin, coriander and niger seed oils have been part of a supplemental diet in many parts of the world and their consumption is also becoming increasingly popular in the non-producer countries, information on the phytochemicals in these oils is limited. Yet these phytochemicals may bring nutraceutical and functional benefits to food systems. The results will be important as an indication of the potentially economical utility of these oilseeds as a new source of vegetable oils.

The results of the present investigation indicate that the seed oils under study, are a rich source of essential fatty acids and fat-soluble bioactives. It is also worthy to note that the solvents used in the extraction of oil play an important role in the levels and the profile of the recovered lipids.

The present results show the usefulness of the performed chromatographic techniques, which required no chemical manipulation of oil samples, in the analysis of seed oils and demonstrates the applicability of the methods to oils containing common fatty acids.

High level of polar lipids determines that these oils could be a suitable and valuable source to obtain corresponding polar lipids' concentrates. The presence of all GL subclasses in black cumin seed oil in appreciable levels make it an excellent complete source of GL in human diet. The PL fraction has an appreciable content of PC (*ca.* 50% of total PL), which is the marker component in the lecithin production, presently the commercial source of its manufacture.

It is seen that these seed oils are a promising new edible oils because of their specific FSV composition. The utilization or addition of these seed oils to poor sources of FSV oils, mixed dishes and dessert could have an impact on the amount of FSV in diet. Moreover, recovered oils could be suitable for commercial exploitation as a source of lipids for food use, soap manufacture or production of cosmetic. Fruitful utilization of these seed oils and their polar lipids is expected to be realized.

RSA of the crude seed oils has not been studied so far. Here, for the first time, RSA of black cumin, coriander and niger seed oils was reported. The RSA of crude seed oil can be interpreted as the combined action of endogenous antioxidants. However, any individual parameter could not alone explain the differences in the antioxidant properties. It could be said that RSA of crude oils is affected by the level of PUFA, the initial PV and significantly by the levels of unsaponifiables as well as levels of polar lipids in seed oils.

The preliminary finding of a higher RSA of coriander seed oil, in comparison with other oils, indicates that crude polar lipids are a potent source of antioxidant compounds. These qualities project the potential of a polar fractions from seed oils as a natural antioxidant for use in lipid containing foods. The double benefit derived from crude PL offers food manufacturers an alternative to adding synthetic antioxidants to formulations that need emulsification characteristics.

The color intensity and the related MRP formed during extraction appears to be a good secondary index of the RSA of crude seed oils. In the light of this evidence, these bioactive substance could have extranutritional properties and a novel role in diet-disease relationships. Additional studies are necessary to show the RSA under physiological conditions and to determine whether there is any link between their antiradical properties and their biological effects.

Literature cited

Alasalvar C, Shahidi F, Toshiaki O, Wanasundara U, Yurttas UH, Liyanapathirana CM, Rodrigues FB (2003) Turkish tombul hazelnut (*Corylus avellana* L.) 2. Lipid characteristics and oxidative stability. *J. Agric. Food Chem.* 51: 3797-3805.

Amarowicz R, Naczk M, Shahidi F (2000) Antioxidant activity of crude tannins of canola and rapeseed hulls. *J. Am. Oil Chem. Soc.* 77: 957-961.

Andersson L, Bratt C, Arnoldsson KC, Herslof B, Olsson NU, Sternby B, Nilsson A (1995) Hydrolysis of galactolipids by human pancreatic lipolytic enzymes and duodenal contents. *J. Lipid Res.* 36:1392-1400.

AOCS (1990) Official Methods and Recommended Practices of the American Oil Chemists` Society, 4th edn, Firstone D (Ed), Illinois: American Oil Chemists` Society.

Aruoma OI (1998) Free radicals, oxidative stress and antioxidants in human health and disease. *J. Am. Oil Chem. Soc.* 75:199-212.

Babayan VK, Koottungal D, Halaby GA (1978) Proximate analysis, fatty acid and amino acid composition of *Nigella sative* L. seeds. *J. Food Sci.* 43:1314-1319.

Baldioli M, Servili M, Perretti G, Montedoro GF (1996) Antioxidant activity of tocopherols and phenolic compounds of virgin olive oil. *J. Am. Oil Chem. Soc.* 73:1589-1598.

Birgrit R, Marion L, Eberhard L (1998) The fatty acid profiles -including petroselinic and cis_vaccenic acid- of different Umbelliferae seed oils. *Fett/Lipid* 100:498-502.

Boyd LC (2001) Application of natural antioxidant in stablizing polyunsaturated fatty acids in model systems and foods. In *Omega-3 fatty acids, chemistry, nutration and health effects,* Finley JW, Shahidi F (Eds), American Chemical Society: Washington DC (USA), pp. 258-279.

Cai R, Hettiarachchy NS, Jalaluddin M (2003) High-performance liquid chromatography determination of phenolic constituents in 17 varieties of cowpeas. *J. Agric. Food Chem.* 51: 1623-1627.

Cherry JP, Kramer WH (1989) Plant sources of lecithin, In: *Lecithins: sources, manufacture and uses,* Szuhaj FB (Ed), AOCS Press, Champaign, Illinois (USA), pp. 16-33.

Cillard J, Cillard P (1980) Behaviour of alpha, gamma and delta tocopherols with linoleic acid in aqueous media. *J. Am. Oil Chem. Soc.* 57:39-42.

Dagne K, Jonsson A (1997) Oil content and fatty acid composition of seeds of *Guizotia* Cass. (compositae). *J. Sci. Food Agric.* 73:274-278.

Dutta PC, Helmersson S, Kebedu E, Alemaw G, Appelqvist L (1994) Variation in lipid composition of niger seed (*Guization abyssinica* Cass.) samples collected from different regions in Ethiopia. *J. Am. Oil Chem. Soc.* 71:839-843.

Endre FS, Szuhaj FB (1996) Lecithins. In *Bailey's industrial oil and fat products* (5th edn). vol. I, Hui YH (Ed), John Wiley & Sons: New York (USA), pp. 311-395.

Eriksson CE (1982) Lipid oxidation catalysts and inhibitors in new materials and processed foods. *Food Chem.* 9:3-10.

Espin JC, Rivas CS, Wichers HJ (2000) Characterization of the total free radical scavenger capacity of vegetable oils and oil fractions using 2,2-diphenyl-1-picrylhydrazyl radical. *J. Agric. Food Chem.* 48:648-656.

Fernández-Moya V, Enrique M, Rafael G (2000) Identification of triacylglycerol species from high-saturated sunflower (*Helianthus annuus*) mutants. *J. Agric. Food Chem.* 48:764-769.

Firestone D, Mossoba MM (1997) Newer methods for fat analysis in foods. In: *New Techniques and Applications in Lipid Analysis,* McDonald RE, Mossoba MM (Eds): AOCS press, Champaign, Illinois (USA), pp. 1-33.

George AJ (1985) Vitamin A. In: *Fat-soluble vitamins their biochemistry and applications*, Diplock AT (Ed), Technomic publishing Co., Lancaster (USA), pp 1-75.

Heinz E (1996) Plant glycolipids: structure, isolation and analysis, In: *Advances in lipid methodology-three.* WW Christie (Ed), The Oily Press LTD, Dundee, pp 211-332.

Hirsinger F (1989) New annual oil crops. In: *Oil crops of the world,* Röbbelen G, Downey RK, Ashri A (Eds), McGraw Hill: New York (USA), pp. 394-532.

Homberg E (1991) Sterinanalyse als Mittel zum Nachweis von Vermischungen und Verfälschungen. *Fat Sci. Technol.* 93:516-517.

Hudson BJF, Lewis JI (1983) Polyhydroxy flavonoid antioxidants for edible oils: Phospholipids as synergists. *Food Chem.* 10:111-120.

Husain SR, Terao J, Matsushita S (1984) In: *Amino-carbonyl reactions in food and biological systems*; Fugimaki M, Namiki M, Kato H, (Eds); Elsevier Press: New York (USA), pp. 301.

IUPAC (1979) Standard Methods for the Analysis of Oils and Fats and Derivatives; Pergamon Press: Toronto (Canada).

Jones P, Raeini-Sarjaz M, Ntanios F, Vanstone C, Feng J, Parsons W (2000) Modulation of plasma lipid levels and cholesterol kinetics by phytosterol versus phytostanol esters. *J. Lipid Res.* 41:697-705.

Jung MY, Min DB (1992) Effects of oxidaized α-, γ- and δ-tocopherols on the oxidative stability of purified soybean oil. *Food Chem.* 45:183-187.

Kallio H, Yang B, Peippo P, Tahvonen R, Pan R (2002) Triacylglycerols, glycerophospholipids, tocopherols and tocotrienols in berries and seeds of two subspecies (ssp. *sinensis* and *mongolica*) of sea buckthorn (*Hippophaë rhamnoides*). *J. Agric. Food Chem.* 50:3004-3009.

Kamal-Eldin A, Appelqvist LA (1996) The chemistry and antioxidant properties of tocopherols and tocotrienols. *Lipids* 31:671-701.

Khan MA, Shahidi F (2000) Oxidative stability of borage and evening primrose triacylglycerols. *J. Food Lipids* 7:143-151.

King MF, Boyd LC, Sheldon BW (1992) Antioxidant properties of individual phospholipids in a salmon oil model system. *J. Am. Oil Chem. Soc.* 69:545-551.

Kochhar SP (2000) Stable and healthful frying oil for 21th century. *Inform* 11: 642-647.

Lakshminarayana G, Rao KVSA, Devi KS, Kaimal TNB (1981) Changes in fatty acids during maturation of *Coriandrum sativum* seeds. *J. Am. Oil Chem. Soc.* 58:838-839.

Litridou, M, Linssen J, Schols H, Bergmans M, Posthumds M (1997) Phenolic compounds in virgin olive oils: fractionation by solid-phase extraction and antioxidant activity assessment. *J. Sci. Food Agric.* 74:169-174.

Metcalfe LC, Schmitz AA, Peca IR (1966) Rapid preparation of acid esters from lipids for gas chromatographic analysis. *Anal. Chem.* 38:514-515.

Ntanios F (2001) Plant sterol-ester-enriched spreads as an example of a new functional food. *Eur. J. Lipid Sci. Technol.* 103:102-106.

Pekkarinen S, Hopia A, Heinonen M (1998) Effect of processing on the oxidative stability of low erucic acid turnip rapeseed (*Brassica rapa*) oil. *Fett/Lipid* 100:69-74.

Ramadan MF, Mörsel JT (2002a) Neutral lipid classes of black cumin (*Nigella sativa* L.) seed oils. *Eur. Food Res. Technol.* 214:202-206.

Ramadan MF, Mörsel JT (2002b) Direct isocratic normal phase assay of fat-soluble vitamins and *β*-carotene in oilseeds. *Eur. Food Res. Technol.* 214:521-527.

Ramadan MF, Mörsel JT (2002c) Oil composition of coriander (*Coriandrum sativum* L.) fruit-seeds. *Eur. Food Res. Technol.* 215:204-209.

Ramadan MF, Mörsel JT (2002d) Characterization of phospholipid composition of black cumin (*Nigella sativa* L.) seed oil. *Nahrung/Food* 46: 240-244.

Ramadan MF, Mörsel JT (2002e) Proximate neutral lipid composition of niger (*Guizotia abyssinica* Cass.) seed. *Czech J. Food Sci.* 20:98-104.

Ramadan MF, Mörsel JT (2003a) Determination of the lipid classes and fatty acid profile of niger (*Guizotia abyssinica* Cass.) seed oil. *Phytochem. Anal.* 14:366-370.

Ramadan MF, Mörsel JT (2003b) Analysis of glycolipids from black cumin (*Nigella sativa* L.), coriander (*Coriandrum sativum* L.) and niger (*Guizotia abyssinica* Cass.) oilseeds. *Food Chem.* 80:197-204.

Ramadan MF, Kroh LW, Mörsel JT (2003c) Radical scavenging activity of black cumin (*Nigella sativa* L.), coriander (*Coriandrum sativum* L.) and niger (*Guizotia abyssinica* Cass.) crude seed oils and oil fractions. *J. Agric. Food Chem.* 51:6961-6969.

Ramadan MF, Mörsel JT (2004) Oxidative stability of black cumin (*Nigella sativa* L.), coriander (*Coriandrum sativum* L.) and niger (*Guizotia abyssinica* Cass.) crude seed oils upon stripping. *Eur. J. Lipid Sci. Technol*, 106: 35-43.

Rathjen T, Steinhart H (1997) Natural antioxidants in lipids. In: *New techniques and applications in lipid anaylsis*, McDonald ER, Mossoba MM (Eds). AOCS press: Champaign (USA), pp. 341-355.

Reische DW, Lillard DA, Eitenmiller RR (2002) Antioxidants. In *Food lipids*; Akoh CC, Min DB (Eds), Marcel Dekker: New York (USA), pp. 489-516.

Rouser G, Kritchevsky D, Simon G, Nelson GJ (1967) Quantitative analysis of brain and spinach leaf lipids employing silicic acid column chromatography and acetone for elution of glycolipids. *Lipids* 2:37-42.

Saleh Al-Jasser M (1992) Chemical composition and microflora of black cumin (*Nigella sative* L.) seeds growing in Saudi Arabia. *Food Chem.* 45:239-242.

Satue MT, Huang S-H, Frankel EN (1995) Effect of natural antioxidants in virgin olive oil on oxidative stability of refined, bleached and deodorized olive oil. *J. Am. Oil Chem. Soc.* 72:1131-1137.

Schneider M (2001) Phospholipids for functional food. *Eur. J. Lipid Sci. Technol.* 103:98-101.

Scholfield CR (1989) The chemistry and reactivity of the phosphatides. In *Lecithins, sources, manufacture and uses,* Szuhaj BF (Ed), AOCS, Champaigin, Illinois (USA), pp. 7-15.

Schwarz K, Bertelsen G, Nissen LR, Gardner PT, Heinonen MI, Hopia A, Huynh-Ba T, Lambelet P, McPhail D, Skibsted LH, Tijburg L (2000) Investigation of plant extracts for the protection of processed foods against lipid oxidation. Comparison of antioxidant assays based on radical scavenging, lipid oxidation and analysis of the principal antioxidant compounds. *Eur. Food Res. Technol.* 21:319-328.

Subbaram MR, Youngs GG (1967) Determination of the glyceride structure of fats. Glyceride structure of fats with unusual fatty acid composition. *J. Am. Oil Chem. Soc.* 44:425-428.

Sugawara T, Miyazawa T (1999) Separation and determination of glycolipids from edible plant by high-performance liquid chromatography and evaporative light-scattering detections. *Lipid* 34:1231-1237.

Suttie JW (1985) Vitamin K, In *Fat-soluble vitamins: Their biochemistry and applications*, Diplock AT (Ed), Technomic publishing Co, Pennsylvania (USA), pp. 225-311.

Tovar MJ, Motilva J, Romero MP (2001) Changes in the phenolic composition of virgin olive oil from young trees (*Olea europaea* L. cv. Arbequina) grown under linear irrigation strategies. *J. Agric. Food Chem.* 49:5502-5508.

Üstun G, Kent L, Chekin N, Civelekogiu H (1990) Investigation of the technological properties of *Nigella sative* (Black cumin) seeds oil. *J. Am. Oil Chem. Soc.* 67:958-960.

Van der Meeren P, Van der Deelen J, Boyd LC (1996) Phospholipids. In: *Handbook of food analysis, physical characterization and nutrient analysis*, Leo Nollet M.L. (Ed), Marcel Dekker, New York (USA), pp. 507-532.

Vles RO, Gottenbos JJ (1989) Nutritional characteristics and food uses of vegetable oils. In: *Oil crops of the world*, Röbbelen G, Downey RK, Ashri A (Eds): McGraw Hill, New York (USA), pp. 63-86.

Wanasundara UN, Shahidi F (1994) Canola extract as an alternative natural antioxidant for canola oil. *J. Am. Oil Chem. Soc.* 71:817-822.

Wang T, Hicks KB, Moreau R (2002) Antioxidant activity of phytosterols, oryzanol and other phytosterols conjugates. *J. Am. Oil Chem. Soc.* 79:1201-1206.

Warner K, Frankel EN (1987) Effect of β-carotene on light stability of soybean oil. *J. Am. Oil Chem. Soc.* 64:213-218.

Weber N, Richter KD, Shulte E, Mukherjee KD (1995) Petroselinic acid from dietary triacylglycerols reduces the concentration of arachidonic acid in tissue lipids of rats. *J. Nutr.* 125:1563-1568.

Weststrate J, Meijer G (1998) Plant sterol-enriched margarines and reduction of plasma total- and LDL-cholesterolconcentrations in normocholesteroaemic and mildy hypercholesterolaemic subjects. *Eur. J. Clin. Nutr.* 52:334-343.

Yang B, Karlsson RM, Oksman PH, Kallio HP (2001) Phytosterols in sea buckthorn (*Hippophaë rhamnoides* L.) berries: Identification and effects of different origins and harvesting times. *J. Agric. Food Chem.* 49:5620-5629.

Yanishlieva NV, Marinova EM (2001) Stabilisation of edible oils with natural antioxidants. *Eur. J. Lipid Sci. Technol.* 103:52-767.

Zuev EI, Klyuchkin VV, Rzhekhin VP (1970) Effect of intensity of heating miscella on the quality of soybean oils and phosphatides. *Trudy-Vsesoyuznogo-Nauchno-Issledovatel'skogo-Instituta-Zhirov.* 27:117-120.

Table 1. Sources, production and uses of black cumin, coriander and niger oilseeds

	Black cumin (*Nigella sativa* L.) Family Ranonculaceae	Coriander (*Coriandrum sativum* L.) Family Umbelliferea	Niger (*Guizotia abyssinica* Cass). Family Compositae
Country of source:	Mediterranean countries and India.	Mediterranean countries, Eastern Europe, Russia and India.	-Ethiopia: (50-60% of total oilseeds production), India (2% of total oilseeds production). -Minor oilseeds crop in some other African countries.
Production:	Not available	90-100 ton per year	400.000 ton per year (not involved in the world oilseeds trade).
Uses of oilseeds and/or seed oils:	1-Edible uses: sweet dish, pastry, flavoring of food, stomachic, carmanitive, and diuretic agent. 2-Medicinal uses: antibacterial, antifungal, antineoplastic, antihelmenthic.	1-Edible uses: ingredient of curry powder, flavoring agent of certain alcoholic beverages. 2-Industrial uses: coriander produce a high petroselinic acid of potential uses (fine chemicals, softeners, soaps, emulsifiers and nylon).	1-Edible uses. 2-Manufacture of soap and paints. 3-Lubricant of illuminant. 4-Protein-rich meal after oil extraction used as feed or fuel.
Total lipids:	40%	30%	30-40%

Table 2. Levels of fatty acids [%] in crude seed oils[a] (hexane extract).

Compound	Black cumin seed oil	Coriander seed oil	Niger seed oil
C16:0	13.0 ± 0.03	5.54 ± 0.02	17.0 ± 0.37
C18:0	3.16 ± 0.01	1.36 ± 0.01	6.52 ± 0.08
C18:1*n*-12	nd[b]	67.0 ± 0.98	nd
C18:1*n*-9	24.1 ± 0.03	7.86 ± 0.13	11.2 ± 0.26
C18:2*n*-6	57.3 ± 0.04	15.9 ± 0.02	63.0 ± 0.15
C18:3*n*-6	nd	1.00	nd
C20:2*n*-6	2.44 ± 0.01	nd	nd
C22:0	nd	nd	0.52 ± 0.01
C22:1*n*-9	nd	0.77 ± 0.01	nd
C20:5*n*-3	nd	nd	1.72 ± 0.02
C22:6*n*-3	nd	0.57 ± 0.01	nd
Σ SFA[c]	16.1 ± 0.02	6.90 ± 0.05	24.0 ± 0.08
Σ MUFA[d]	24.1 ± 0.03	74.8 ± 0.25	11.2 ± 0.06
Σ PUFA[e]	59.7 ± 0.31	18.2 ± 0.07	64.7 ± 0.11
S/P[f]	0.269 ± 0.01	0.379 ± 0.01	0.370 ± 0.01

[a]Values given are the mean of three replicates ± standard deviation. [b]nd, not detected. [c]Total saturated fatty acids. [d]Total monounsaturated fatty acids. [e]Total polyunsaturated fatty acids. [f]The ratio of saturated to polyunsaturated fatty acids.

Table 3. Initial PV and fat-soluble bioactives in crude seed oils[a] (hexane extract).

Compound	Black cumin seed oil	Coriander seed oil	Niger seed oil
PV [meq/kg]	17.8 ± 0.12	2.68 ± 0.05	17.9 ± 0.10
α-Tocopherol [g/kg]	0.284 ± 0.01	0.086 ± 0.01	0.861 ± 0.02
β- Tocopherol [g/kg]	0.040 ± 0.01	0.672 ± 0.02	0.331 ± 0.01
γ- Tocopherol [g/kg]	0.225 ± 0.02	0.162 ± 0.01	0.570 ± 0.04
δ- Tocopherol [g/kg]	0.048 ± 0.01	0.347 ± 0.02	0.185 ± 0.02
β-Carotene [g/kg]	0.593 ± 0.03	0.892 ± 0.05	0.702 ± 0.03
Ergosterol [g/kg]	nd[b]	0.186 ± 0.01	nd[b]
Campesterol [g/kg]	0.226 ± 0.01	0.735 ± 0.03	0.713 ± 0.06
Stigmasterol [g/kg]	0.314 ± 0.02	1.512 ± 0.07	0.667 ± 0.02
Lanosterol [g/kg]	0.106 ± 0.01	0.152 ± 0.01	0.113 ± 0.02
β-Sitosterol [g/kg]	1.182 ± 0.05	1.553 ± 0.05	2.035 ± 0.08
Δ5-Avenasterol [g/kg]	1.025 ± 0.04	1.466 ± 0.03	0.530 ± 0.06
Δ7-Avenasterol [g/kg]	0.809 ± 0.02	0.365 ± 0.02	0.164 ± 0.01
Total Unsaponifiables [g/kg]	14.9 ± 0.09	21.8 ± 0.15	10.1 ± 0.07
Total Phenolics [ppm caffeic acid]	24 ± 0.11	11 ± 0.06	5 ± 0.03

Values given are the mean of three replicates ± standard deviation. nd, not detected.

Table 4. Levels of oil Fractions (g/kg hexane extract) and their ratios of saturated to polyunsaturated fatty acids (S/P) [a]

Oil Fraction	Black cumin seed oil	Coriander seed oil	Niger seed oil
Neutral Lipids	972 ± 3.03	960 ± 2.55	970 ± 3.22
S/P	0.246 ± 0.01	0.264 ± 0.02	0.359 ± 0.01
Glycolipids	21.8 ± 0.39	23.9 ± 0.27	19.0 ± 0.25
S/P	0.383 ± 0.01	0.506 ± 0.01	0.496 ± 0.02
Phospholipids	3.20 ± 0.04	8.50 ± 0.05	2.80 ± 0.01
S/P	0.571 ± 0.01	0.714 ± 0.03	0.477 ± 0.01

[a]Values given are the mean of three replicates ± standard deviation.

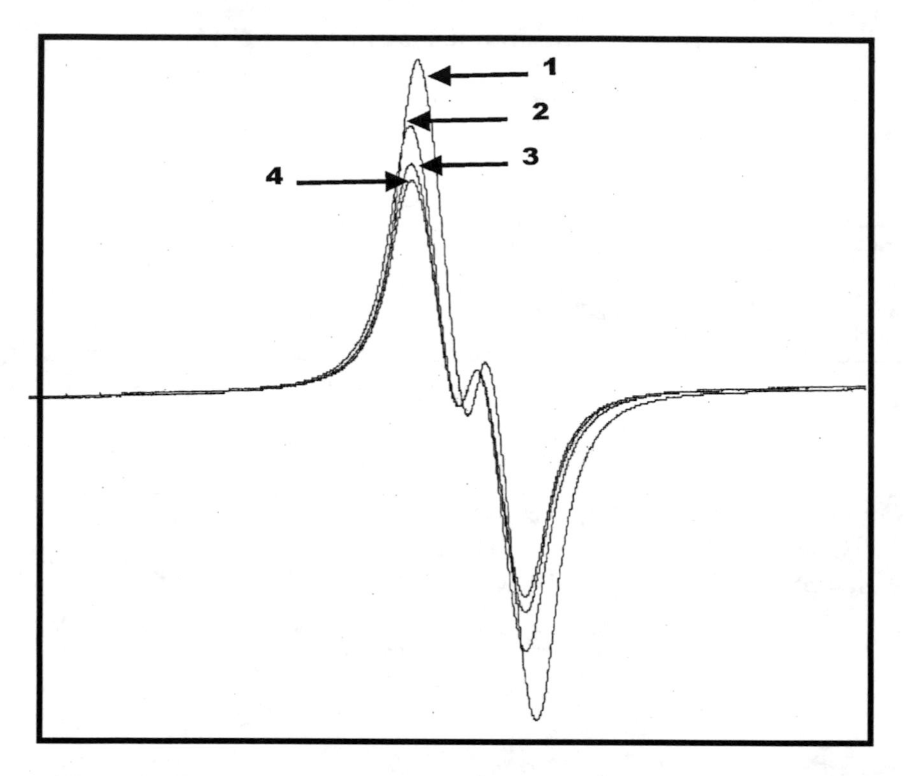

Figure 1. Electron spin resonance (ESR) spectra recorded with galvinoxyl radicals after 1 h incubation. The scanning was started at 60 min after the mixing of samples with galvinoxyl in toluene. 1. ESR spectrum of galvinoxyl radical without oil sample, 2. ESR spectrum of galvinoxyl radical with niger seed oil, 3. ESR spectrum of galvinoxyl radical with black cumin seed oil, 4. ESR spectrum of galvinoxyl radical with coriander seed oil.

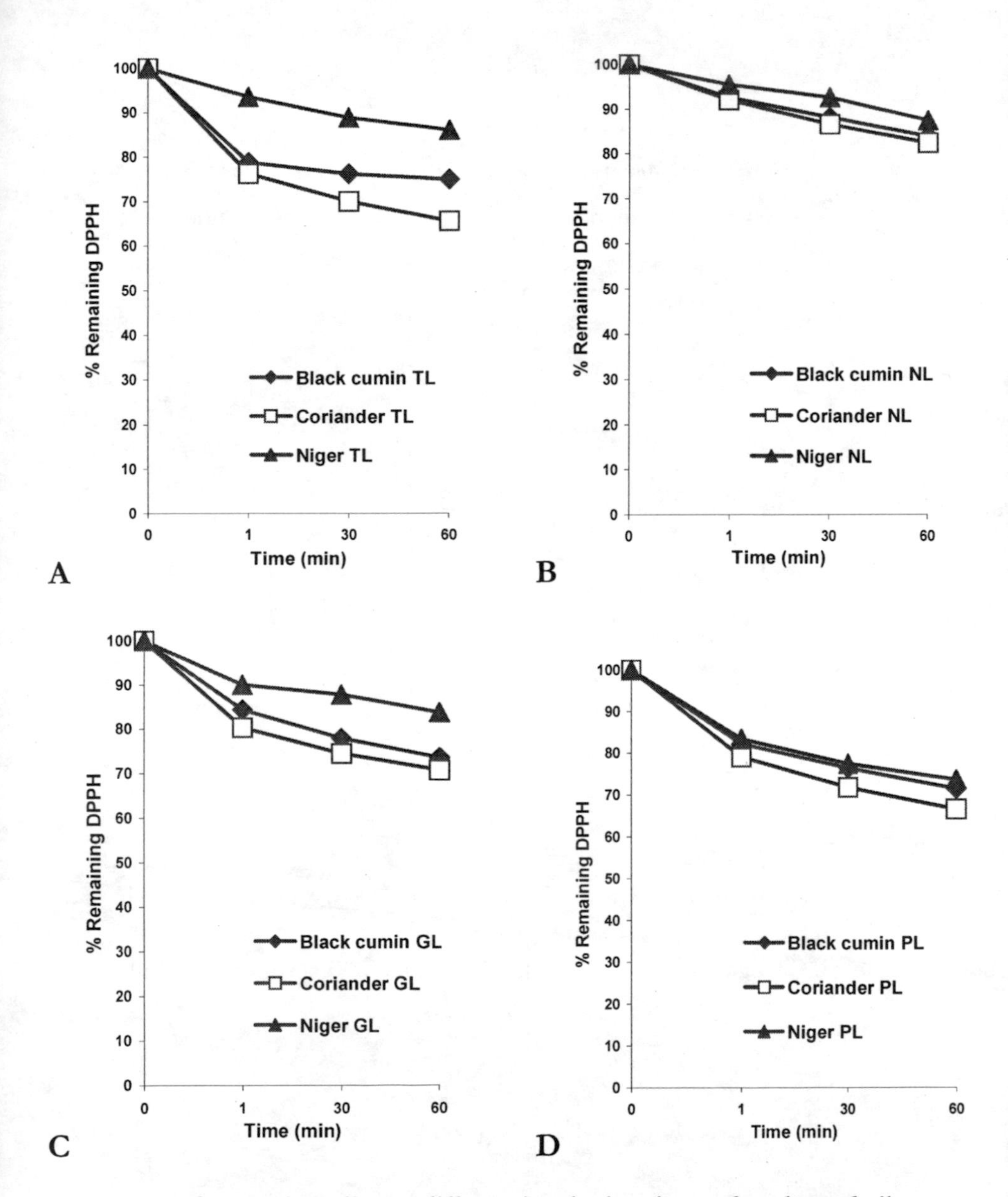

Figure 2. Scavenging effect at different incubation times of crude seed oils (A), neutral Lipids (B), glycolipids (C) and phospholipids (D) on DPPH radical as measured by changes in absorbance values at 515 nm.

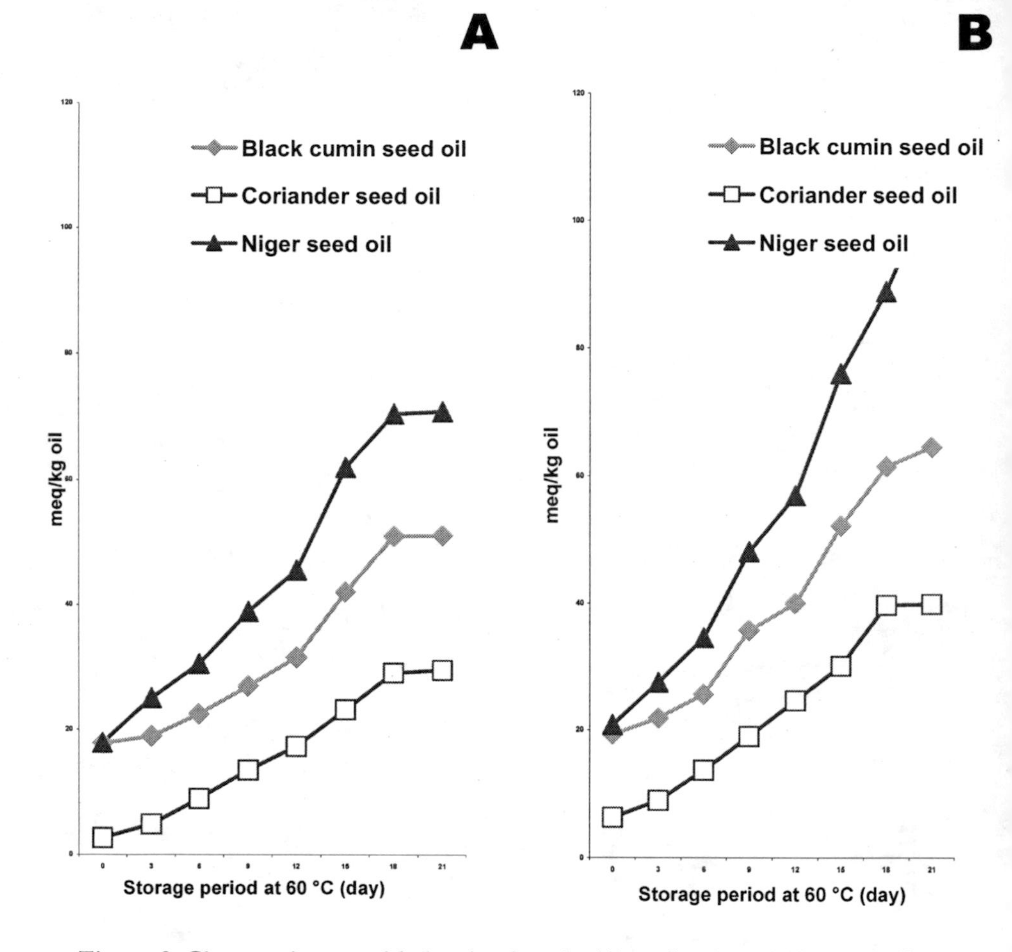

Figure 3. Changes in peroxide levels of crude (A) and stripped (B) seed oils during oven test.

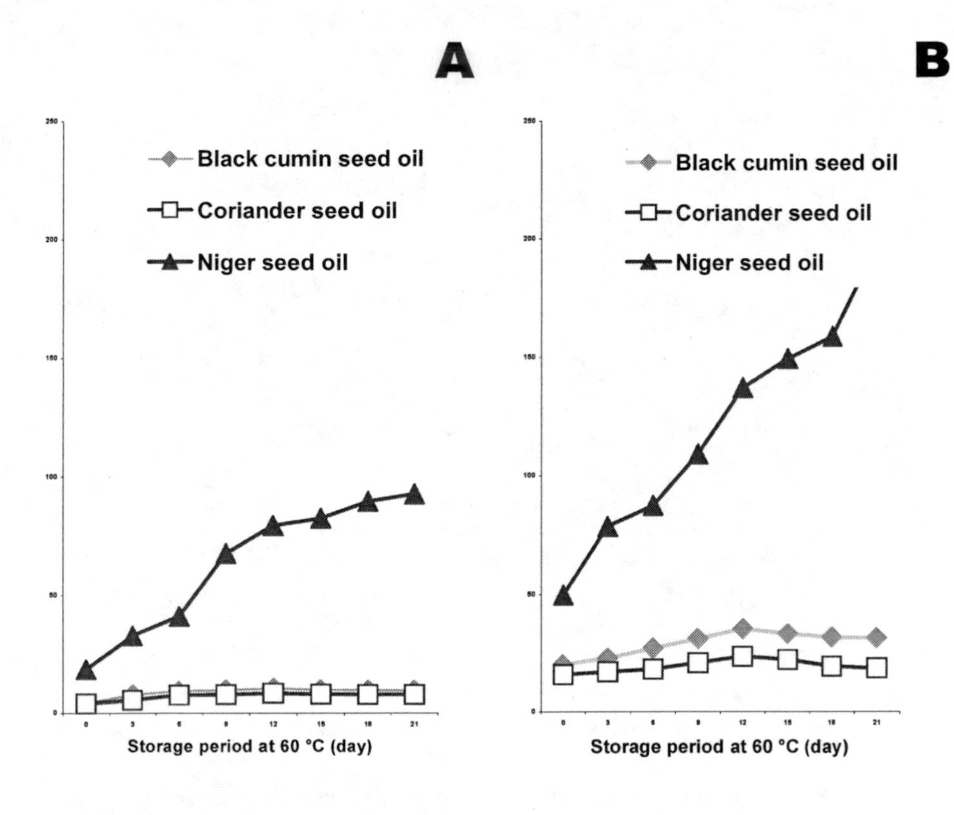

Figure 4. Changes in *p*-anisidine values of crude (A) and stripped (B) seed oils during oven test.

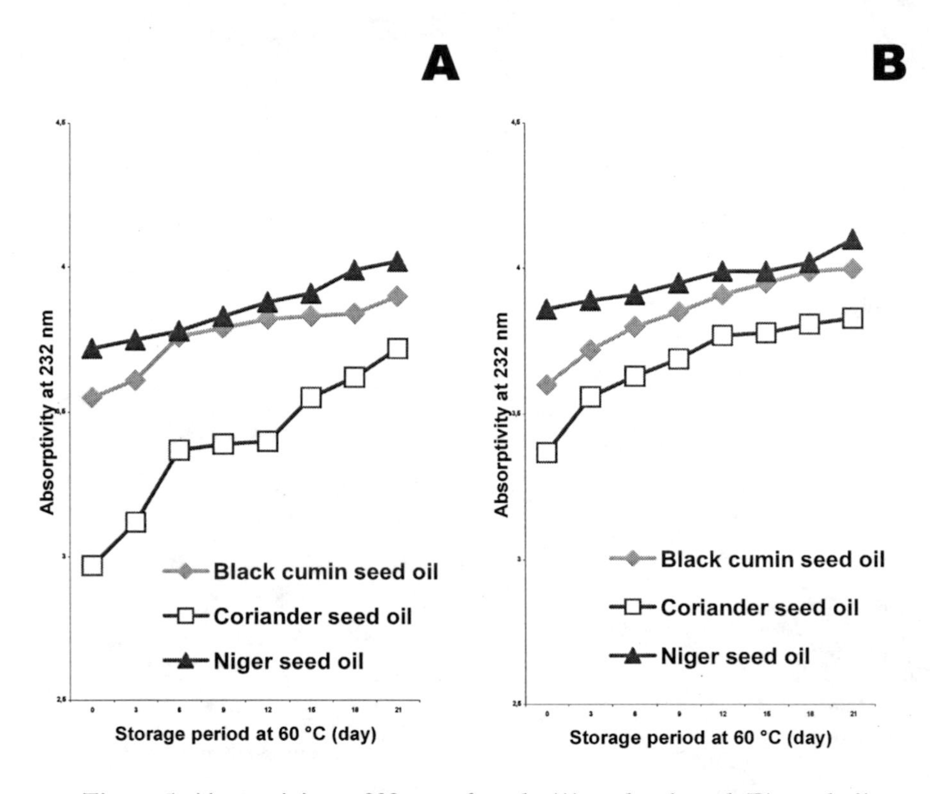

Figure 5. Absorptivity at 232 nm of crude (A) and stripped (B) seed oils during oven test.

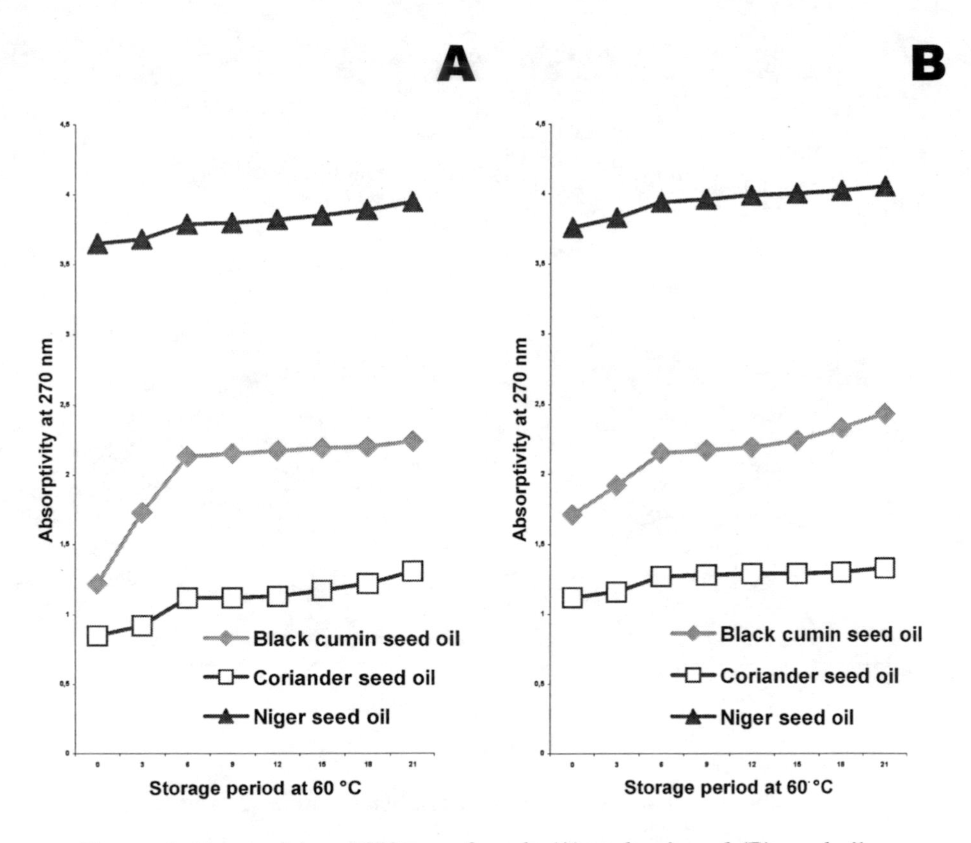

Figure 6. Absorptivity at 270 nm of crude (A) and stripped (B) seed oils during oven test.

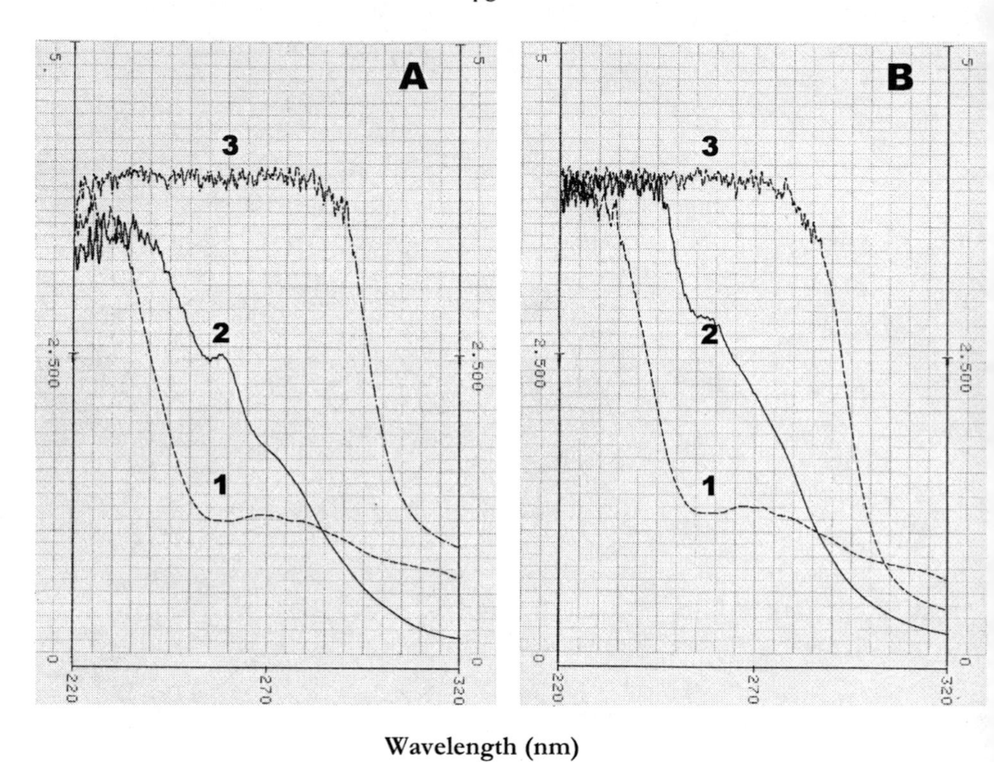

Figure 7. Ultraviolet scans of coriander (1), black cumin (2) and niger (3) crude seed oils at the beginning of oven test [unheated samples (A)] and after 21 days (B) of oven test (60 °C).

Curriculum Vitae

Mohamed Fawzy Ramadan Hassanien was born in Zagazig, Egypt, on the 7th of August, 1974. He graduated (B.Sc.) in Agricultural Biochemistry from the University of Zagazig, Egypt, in June 1995. He received the M.Sc. degree (September, 1998) in Agricultural Biochemistry from Faculty of Agriculture, Zagazig University, Egypt. From December 1995 to November 1998, he worked as a Demonstrator and taught Agricultural Chemistry at the Faculty of Agriculture, Zagazig University, Egypt. From November 1998 till now he is an Assistant Lecturer at the Faculty of Agriculture, Zagazig University, Egypt. In November 1999 he started his Ph.D. study at Food Chemistry Institute, Technical University of Berlin, Germany. The project aimed at studying non-conventional oilseeds and the possibility of industrial utilization of the seed oils and their by-products as a raw material of edible oils and functional products.

List of Publications

Publications in the international peer-reviewed journals

1- **Mahmoud Z. Sitohy, Salah M. Labib, Said S. El-Saadany, and Mohamed F. Ramadan (2000)** Optimizing the conditions for starch dry phosphorylation with sodium mono- and dihydrogen orthophosphate under heat and vacuum. ***Starch/Staerke*** 52 (4): 95-100.

2- **Mahmoud Z. Sitohy, Said S. El-Saadany, Salah M. Labib, and Mohamed F. Ramadan (2000)** Physicochemical properties of different types of starch phosphate monoesters. ***Starch/Staerke*** 52 (4): 101-105.

3- **Mahmoud Z. Sitohy, and Mohamed F. Ramadan (2001)** Granular properties of starch phosphate monoesters. ***Starch/Staerke*** 53 (1): 27-34.

4- **Mahmoud Z. Sitohy, and Mohamed F. Ramadan (2001)** Degradability of different phosphorylated starches and thermoplastic films prepared from corn starch phosphomonoesters. ***Starch/Staerke*** 53 (7): 317-322.

5- **Mohamed F. Ramadan, and Joerg-Thomas Moersel (2002)** Neutral lipid classes of black cumin (*Nigella sativa* L.) seed oils. ***European Food Research and Technology*** 214 (3): 202-206.

6- **Mohamed F. Ramadan, and Joerg-Thomas Moersel (2002)** Direct isocratic normal-phase assay of fat-soluble vitamins and beta-carotene in oilseeds. ***European Food Research and Technology*** 214 (6): 521-527.

7- **Mohamed F. Ramadan, and Joerg-Thomas Moersel (2002)** Proximate neutral lipid composition of niger (*Guizotia abyssinica* Cass.) seed. ***Czech Journal of Food Sciences*** 20 (3): 98-104.

8- **Mohamed F. Ramadan, and Joerg-Thomas Moersel (2002)** Characterization of phospholipid composition of black cumin (*Nigella sative* L.) seed oil. ***Nahrung/Food*** 46 (4): 240-244.

9- **Mohamed F. Ramadan, and Joerg-Thomas Moersel (2002)** Oil Composition of coriander (*Coriandrum sativum* L.) fruit-seeds. ***European Food Research and Technology*** 215 (3): 204-209.

10- **Mohamed F. Ramadan, and Joerg-Thomas Moersel (2003)** Analysis of glycolipids from black cumin (*Nigella sative* L.), coriander (*Coriandrum sativum* L.) and niger (*Guizotia abyssinica* Cass.) oilseeds. ***Food Chemistry*** 80 (2): 197-204.

11- **Mohamed F. Ramadan, and Joerg-Thomas Moersel (2003)** Phospholipid composition of niger (*Guizotia abyssinica* Cass.) seed oil. ***Lebensmittel-Wissenschaft und Technologie/FST*** 36 (3): 273-276.

12- **Mohamed F. Ramadan, and Joerg-Thomas Moersel (2003)** Oil goldenberry (*Physalis perviana* L.). ***Journal of Agricultural and Food Chemistry*** 51 (4): 969-974.

13- **Mohamed F. Ramadan, and Joerg-Thomas Moersel (2003)** Oil cactus pear (*Opuntia ficus-indica* L.). ***Food Chemistry*** 82 (3): 339-345.

14- **Mohamed F. Ramadan, and Joerg-Thomas Moersel (2003)** Determination of lipid classes and fatty acid profile of niger (*Guizotia abyssinica* Cass.) seed oil. ***Phytochemical Analysis*** 14 (6): 366-370.

15- **Mohamed F. Ramadan, and Joerg-Thomas Moersel (2003)** Recovered lipids from prickly pear [(*Opuntia ficus-indica* (L.) Mill)] peel: a good source of polyunsaturated fatty acids, natural antioxidant vitamins and sterols. ***Food Chemistry*** 83 (3): 447-456.

16- **Mohamed F. Ramadan, Lothar W. Kroh and Joerg-Thomas Moersel (2003)** Radical scavenging activity of black cumin (*Nigella sativa* L.), coriander (*Coriandrum sativum* L.) and niger (*Guizotia abyssinica* Cass.) crude seed oils and oil Fractions ***Journal of Agricultural and Food Chemistry*** 51 (24):6961-6969.

17- **Mohamed F. Ramadan, and Joerg-Thomas Moersel (2004)** Oxidative stability of black cumin (*Nigella sativa* L.), coriander (*Coriandrum sativum* L.) and niger (*Guizotia abyssinica* Cass.) upon stripping ***European Journal of Lipid Science and Technology*** 106 (1): 35-43.

Lectures

1- ***Mohamed F. Ramadan, and Joerg-Thomas Moersel.*** Analysis and composition of some exotic seed oils. Regionalverbandstagung (Nordost Deutschand) der Lebensmittelchemische Gesellschaft (Fachgruppe in der GDCh), *Schwerin* (Germany), 19 April, 2002 (Lecture in English).

2- ***Mohamed F. Ramadan, and Joerg-Thomas Moersel.*** Zur Zusammensetzung der Lipide von Kaktusfeigen. Regionalverbandstagung (Nordost Deutschand) der Lebensmittelchemische Gesellschaft (Fachgruppe in der GDCh), *Potsdam* (Germany), 11 April, 2003 (Lecture in German).

3- ***Mohamed F. Ramadan, and Joerg-Thomas Moersel.*** Lipid classes, sterols and tocopherols of clack cumin (*Nigella sativa* L.), coriander (*Coriandrum sativum* L.) and niger (*Guizotia abyssinica* Cass.) seed oils. 25th World Congress and Exhibition of ISF (International Society for Fat Research), *Bordeaux* (France), 12-15 Oct., 2003 (Lecture in English).

Posters

1- ***Mohamed F. Ramadan, and Joerg-Thomas Moersel.*** Anaylse der Neutrallipide und Phospholipide aus Koriander (*Coriandrum sativum* L.). 30 Deutscher Lebensmittelchemikertag und Jahreshauptversammlung der GDCh, *Braunschweig* (Germany), 10-12 Sep., 2001 (Poster in German).

Abstract in Lebensmittelchemie Journal, 2002, 56(2) 34-35.

2- ***Mohamed F. Ramadan, and Mahmoud Z. Sitohy.*** Degradability of different phosphorylated starches and thermoplastic films prepared from corn starch phosphomonoesters. 30 Deutscher Lebensmittelchemikertag und Jahreshauptversammlung der GDCh, *Braunschweig* (Germany), 10-12 Sep., 2001 (Poster in English).

Abstract in Lebensmittelchemie Journal, 2002, 56(2) 34.

3- ***Mohamed F. Ramadan, and Joerg-Thomas Moersel.*** Analysis of phospholipids from African oilseeds. 24th World Congress and Exhibition of ISF (International Society for Fat Research), *Berlin* (Germany), 16-20 Sep., 2001 (Poster in English).

4- ***Mohamed F. Ramadan, and Joerg-Thomas Moersel.*** Phytosterols and antioxidants vitamins from goldenberry (*Physalis peruviana* L.) fruit oils. A Fresh Look at Antioxidants: Food Applications, Nutrition & Health. International Conference organized by the SCI Oils and Fats Group, Fitzwilliam College, *Cambridge* (UK), 14-16 April, 2002 (Poster in English).

5- ***Mohamed F. Ramadan, and Joerg-Thomas Moersel.*** Direct isocratic normal-phase assay of fat-soluble vitamins and beta-carotene in oilseeds. 31 Deutscher Lebensmittelchemikertag und Jahreshauptversammlung der GDCh, *Frankfurt/Main* (Germany), 9-11 Sep., 2002 (Poster in English).

Abstract in Lebensmittelchemie Journal, 2003, 57(1) 5.

6- ***Mohamed F. Ramadan, and Joerg-Thomas Moersel.*** Oil cactus pear (*Opuntia ficus-indica* L.). 32 Deutscher Lebensmittelchemikertag und

Jahreshauptversammlung der GDCh, *München* (Germany), 6-11 Oct., 2003 (Poster in English).

7- ***Mohamed F. Ramadan, and Joerg-Thomas Moersel.*** HPLC/UV Analysis of glycolipids from black cumin (*Nigella sative* L.), coriander (*Coriandrum sativum* L.) and niger (*Guizotia abyssinica* Cass.) oilseeds. 32 Deutscher Lebensmittelchemikertag und Jahreshauptversammlung der GDCh, *München* (Germany), 6-11 Oct., 2003 (Poster in English).

8- ***Mohamed F. Ramadan, and Joerg-Thomas Moersel.*** Oil goldenberry (*Physalis perviana* L.). 25th World Congress and Exhibition of ISF (International Society for Fat Research), *Bordeaux* (France), 12-15 Oct., 2003 (Poster in English).

Refereeing

Selected in 2003 to be a referee for ***Journal of Food Composition and Analysis***.